现代
果树病虫害
诊治丛书

板栗 核桃

病虫害诊断与防治原色图鉴

第二版

吕佩珂　高振江　苏慧兰　等编著

U0196708

化学工业出版社

·北京·

本书围绕无公害果品生产和新的环境及种植条件带来的复杂多变的新问题，针对制约我国果树产业升级、病虫无害化防控、果品质量安全等问题，挖掘新技术、新方法，注重解决生产中存在的实际问题，涵盖了板栗、核桃生产上所能遇到的大多数病虫害，包括不断出现的新病虫害和生理病害。

本书图文结合介绍板栗和核桃病害四十余种、虫害六十余种，包括病原、症状及害虫各阶段彩图，防治方法上既有传统的防治方法，也挖掘了许多现代的防治技术和方法，增加了植物生长调节剂在果树上的应用，调节果树大小年及落花落果、使果树大幅增产等现代技术。附录中还有农药配制及使用基础知识。是紧贴全国果树生产，体现现代果树生产技术的重要参考书。可作为诊断、防治果树病虫害指南，可供家庭果园、果树专业合作社、农家书屋、广大果农、农口各有关单位参考使用。

图书在版编目（CIP）数据

板栗核桃病虫害诊断与防治原色图鉴/吕佩珂等编著．—2版．
北京：化学工业出版社，2018.1
（现代果树病虫害诊治丛书）
ISBN 978-7-122-31080-4

Ⅰ．①板…　Ⅱ．①吕…　Ⅲ．①板栗-病虫害防治-图集
②核桃-病虫害防治-图集　Ⅳ．①S436.64-64

中国版本图书馆CIP数据核字（2017）第292795号

责任编辑：李　丽　　　　　　　　装帧设计：关　飞
责任校对：王　静

出版发行：化学工业出版社
　　　　　（北京市东城区青年湖南街13号　邮政编码100011）
印　　装：北京东方宝隆印刷有限公司
850mm×1168mm　1/32　印张5¼　字数117千字
2018年2月北京第2版第1次印刷

购书咨询：010-64518888（传真：010-64519686）
售后服务：010-64518899
网　　址：http://www.cip.com.cn
凡购买本书，如有缺损质量问题，本社销售中心负责调换。

定　　价：38.00元　　　　　　　　版权所有　违者必究

丛书编委名单

吕佩珂　　高振江　　尚春明

袁云刚　　王振杰　　潘子旺

赵　镒　　汪海霞　　尹继平

张冬梅　　苏慧兰　　姚慧静

前言

　　进入2017年，我们已进入了中国特色社会主义新时代，即将全面建成小康社会，正在不断把中国特色社会主义推向前进。中国是世界水果生产的大国，产量和面积均居世界首位。为了适应果树科学技术不断进步的新形势和对果树病虫防治及保障果树产品质量安全的新要求，生产上需要切实推动果树植保新发展，促进果品生产质量和效益不断提高。

　　本书第一版自2014年11月出版面市以来，得到了广大读者的喜爱和认可，经常接到读者来信来电，对图书内容等提出中肯的建议，同时根据近年来各类果树的种植销售情况及栽培模式变化和气候等变化带来的新发、多发病虫害变化情况，笔者团队经过认真的梳理总结，特出版本套丛书的第二版，以期满足广大读者和市场的需要，确保果树产品质量安全。

　　第二版丛书与第一版相比，主要做了如下变更。

　　1.根据国内市场和种植情况，对果树种类进行了重新合并归类，重点介绍量大面广、经济效益高、病虫害严重、读者需求量大的品种，分别是《柑橘橙柚病虫害诊断与防治原色图鉴》《板栗核桃病虫害诊断与防治原色图鉴》《草莓蓝莓树莓黑莓病虫害诊断与防治原色图鉴》《猕猴桃枸杞樱桃病虫害诊断与防治原色图鉴》《葡萄病虫害诊断与防治原色图鉴》。

　　2.近年来随着科技发展和学术交流与合作，拉丁学名在世界范围内进一步规范统一，病害的病原菌拉丁学名变化较大。以柑橘病害为例，拉丁学名有40%都变了，因此第二版学名必须跟着变为国际通用学名，相关内容重新撰写。同时对由同一病原引起的不同部位、不同症状的病害进行了合并介绍。对大部分病害增加了病害发生流行情况等简单介绍。对于长期发生的病害，替换了一些效果不好的照片，增加了一些幼虫照片和生理病害照片，替换掉一些防治药品，增补了一些新近应用效果好的新药和生物制剂。与时俱进更新了一些病害的症状、病因、传播途径和发病条件及新近推广应用的有效防治方法。

3.增补了一些由于栽种模式和气候条件变化等导致的新近多发、危害面大的生理性病害与其他病虫害，提供了新的有效的防治、防控方法。

4.附录中增加了农药配制及使用基础知识，提高成活率、调节大小年、精品果生产等农民关心的关键栽培养护方法。

本丛书这次修订引用了同行发表的文章、图片等宝贵资料，在此一并致谢！

吕佩珂等

2017 年 11 月

第一版前言

　　我国是世界水果生产的大国，产量和面积均居世界首位。果树生产已成为我国果农增加收入、实现脱贫致富奔小康、推进新农村建设的重要支柱产业。通过发展果树生产，极大地改善了果农的生活条件和生活方式。随着国民经济快速发展，劳动力价格也不断提高，今后高效、省力的现代果树生产技术在21世纪果树生产中将发挥积极的作用。

　　随着果品产量和数量的增加，市场竞争相当激烈，一些具有地方特色的水果由原来的零星栽培转变为集约连片栽培，栽植密度加大，气候变化异常，果树病虫害的生态环境也在改变，造成种群动态发生了很大变化，出现了一些新的重要的病虫害，一些过去次要的病虫害上升为主要病虫害，一些曾被控制的病虫害又猖獗起来，过去一些零星发生的病虫害已成为生产的主要病虫害，再加上生产技术人员对有些病虫害因识别诊断有误，或防治方法不当造成很多损失，生产上准确地识别这些病虫害，采用有效的无公害防治方法已成为全国果树生产上亟待解决的重大问题。近年来随着人们食品安全意识的提高，无公害食品已深入人心，如何防止农产品中的各种污染已成为社会关注的热点。随着发达国家如欧盟各国、日本等对国际农用化学投入品结构的调整、控制以及对农药残留最高限量指标的修订，对我国果树病虫害防治工作也提出了更高的要求，要想跟上形势发展的需要，我们必须认真对待，确保生产无公害果品和绿色果品。过去出版的果树病虫害防治类图书已满足不了形势发展的需要。现在的病原菌已改成菌物，菌物是真核生物，过去统称真菌。菌物无性繁殖产生的无性孢子繁殖力特强，可在短时间内循环多次，对果树病害传播、蔓延与流行起重要作用。多数菌物可行有性生殖，有利其越冬或越夏。菌物有性生殖后产生有性孢子。菌物典型生活史包括无性繁殖和有性生殖两个阶段。菌物包括黏菌、卵菌和真菌。在新的分类系统中，它们分别被归入原生物界、假菌界和真菌界中。

考虑到国际菌物分类系统的发展趋势，本书与科学出版社2013年出版的谢联辉主编的普通高等教育"十二五"规划教材《普通植物病理学》（第二版）保持一致，该教材按《真菌词典》第10版（2008）的方法进行分类，把菌物分为原生动物界、假菌界和真菌界。在真菌界中取消了半知菌这一分类单元，并将其归并到子囊菌门中介绍，以利全国交流和应用。并在此基础上出版果树病虫害防治丛书10个分册，内容包括苹果病虫害，葡萄病虫害，猕猴桃、枸杞、无花果病虫害，樱桃病虫害，山楂、番木瓜病虫害，核桃、板栗病虫害，桃、李、杏、梅病虫害，大枣、柿树病虫害，柑橘、橙子、柚子病虫害，草莓、蓝莓、树莓、黑莓病虫害及害虫天敌保护利用，石榴病虫害及新编果树农药使用技术简表和果园农药中文通用名与商品名查对表，果树生产慎用和禁用农药等。

本丛书始终把生产无公害果品作为产业开发的突破口，有利于全国果品质量水平不断提高。近年气候异常等温室效应不断给全国果树带来复杂多变的新问题，本丛书针对制约我国果树产业升级、果农关心的果树病虫无害化防控、国家主管部门关切和市场需求的果品质量安全等问题,进一步挖掘新技术新方法,注重解决生产中存在的实际问题。本丛书从以上3个方面加强和创新,涵盖了果树生产上所能遇到的大多数病虫害,包括不断出现的新病虫害和生理病害。本丛书10册,介绍了南、北方30多种现代果树病虫害900多种,彩图3000幅,病原图300多幅,文字近120万,形式上图文并茂,科学性、实用性强,既有传统的防治方法,也挖掘了许多现代的防治技术和方法,增加了植物生长调节剂在果树上的应用,调节果树大小年及落花落果,大幅度增产等现代技术。对于激素的应用社会上有认识误区:中国农业大学食品营养学专家范志红认为植物生长调节剂与人体的激素调节系统完全不是一个概念。研究表明:浓度为30mg/kg的氯吡脲浸泡幼果,30天后在西瓜上的残留浓度低于0.005mg/kg,远远低于国家规定的残留标准0.01mg/kg,正常食用瓜果对人体无害。这套丛书紧贴全国果树生产,是体现现代果树生产技术的重要参考书。可作为中国进入21世纪诊断、防治果树病虫害指南,可供全国新建立的家庭果园、果树专业合作社、全国各地农家书屋、农口各有关单位人员及广大果农参考。

　　本丛书出版得到了包头市农业科学院的支持,本丛书还引用了同行的图片,在此一并致谢!

编著者

2014年6月

目录

1. 板栗病害 /1

2. 板栗害虫 /30

3. 核桃病害 / 81

4. 核桃害虫 / 110

附录 / 144

参考文献 / 154

1. 板栗病害

板栗白粉病

症状　主要为害叶片，也为害嫩梢，叶片染病后叶面先产生褪绿黄斑，很快出现灰白色粉斑，随病情扩展白粉逐渐布满全叶。新梢染病，病部亦生灰白色粉斑，受害嫩叶常皱缩扭曲，秋季在白粉层中产生很多黑色小粒点，即病原菌的子囊壳。发病重的叶片干枯或脱落，受害新梢枯死。

病原　*Phyllactinia guttata*（称榛球针壳）和 *P.roboris*（称栎球针壳）、*Microsphaera alni*（称桤叉丝壳）均属真菌界子囊菌门。

传播途径和发病条件　病菌以闭囊壳在病叶或病梢上越冬，翌年4～5月间释放子囊孢子，侵染嫩叶和新梢，发病后病部不断产生无性型的分生孢子，称作粉孢霉或拟卵孢霉，在栗树生长期间发生多次再侵染，造成白粉病不断扩展。9～10

板栗白粉病病叶

月间，气温下降又产生闭囊壳越冬。生产上苗木和幼树发生重，大树受害轻。

防治方法 （1）冬季修剪时剪除病芽、病枝，早春摘除病芽、病梢。（2）采用栗树配方施肥技术，适当控制氮肥，增施磷钾肥，增强树势提高抗病力。（3）春季开花前嫩芽破绽时，喷洒0.2°Bé石硫合剂或25%戊唑醇乳油或水乳剂2000倍液、30%氟菌唑可湿性粉剂1500倍液、30%戊唑·多菌灵悬浮剂600～800倍液，开花后生长期用1000～1200倍液。开花10天后结合防治其他病害，再防1次。

板栗炭疽病

症状 芽、叶、枝、果均可受害，以果实受害最重，造成减产。果实染病，栗苞上生褐色至黑褐色病斑，栗果从顶端变黑，栗仁外表现圆形或近圆形黑色病斑，内部呈浅褐色干腐。后期斑上散生黑色小粒点，即病菌分生孢子盘，潮湿时，溢出橘红色黏性孢子团。南方树上病栗仁呈湿腐状，病果早落。我国大部分栗区均有发生，为害较重。

板栗炭疽病

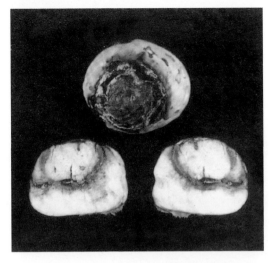

板栗炭疽病症状（人工接种）

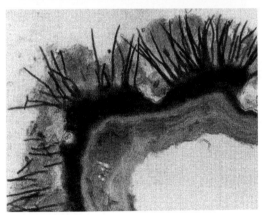

板栗炭疽病病菌盘长孢状炭疽菌分生孢子盘和刚毛

病原　*Glomerella cingulata*，称围小丛壳，属真菌界子囊菌门。无性态为*Colletotrichum gloeosporioides*，称胶孢炭疽菌，属真菌界无性型子囊菌。

传播途径和发病条件　病菌以菌丝或分生孢子盘在栗树枝干上越冬，其中在芽鳞中潜伏的越冬量较大，翌年条件适宜时产生分生孢子，借风雨传播到附近栗树幼苞上引起发病，病菌从花期、幼果期开始侵入幼苞，且在果实生长后期显症，有的潜伏到储藏期种仁才发病。菌丝生长和孢子萌发适温为15～30℃，5℃菌丝也能缓慢生长，种仁上的病斑也可扩展。

防治方法 （1）保持栗树通风良好。（2）加强栗园土肥水管理，控制栗瘿蜂，增强树势。（3）选用抗炭疽病的品种。（4）发病重的栗园，从6月上旬初侵染至8月上旬再侵染期间及时喷洒20%抑霉唑水乳剂800倍液特效或70%代森联干悬浮剂500倍液或75%二氰蒽醌可湿性粉剂700～800倍液、50%硫黄·多菌灵可湿性粉剂800倍液、25%溴菌腈可湿性粉剂500倍液、50%咪鲜胺可湿性粉剂1000倍液。（5）待储的板栗于采果前的9月中旬结合防治桃蛀螟再防1次，可取得明显防治效果。

板栗枯叶病

症状 叶片染病，叶脉间或叶缘、叶尖处产生圆形至不规则形病斑，黄褐色至灰褐色，边缘色深，外围具黄色晕圈，后期分生孢子盘成熟后病斑上出现黑色小粒点，即该菌的分生孢子盘。

病原 *Pestolotiopsis osyridis*，称沙针拟盘多毛孢，属真菌界无性型子囊菌。分生孢子盘小，黑色。分生孢子梭形至纺锤形，5个细胞，（20.2～27.5）μm×（5～7.5）μm，中间3色胞黄橄榄色，长12.6～17.4μm；两端各生1无色胞，顶生2～3根附属丝，长13.9～26.3μm。尾胞尖圆锥形，有1长1.5～7.5μm中生式柄。

传播途径和发病条件 病菌在病部或病残体上越冬。翌年6～8月高温多雨季节进入发病盛期，高温、多雨的年份易发病。

板栗枯叶病症状

防治方法 （1）发现病叶及时清除，以减少初侵染源。（2）发病初期喷洒10%苯醚甲环唑水分散粒剂1000倍液或30%醚菌酯可湿性粉剂或悬浮剂2500～3000倍液、25%苯菌灵·环己锌乳油800倍液、40%百·硫悬浮剂500～600倍液、50%多菌灵可湿性粉剂600倍液。

板栗叶枯病

症状 该病由叶尖开始大面积枯死，可达叶片的1/2，病斑浅褐色至灰褐色，病斑边缘色深，分界明显，分生孢子器成熟后，病部生出很多黑色小点，即病原菌分生孢子器。

病原 *Coniella castaneicola*（Ell. &. Ev.）Sutton，称栗生垫壳孢，属真菌界无性型子囊菌。分生孢子器球形，大小（17～55）μm×（5～15）μm，浅褐色，散生，埋生或半埋生，器

板栗叶枯病病叶

壁薄，基部有枕状突起的垫，无分生孢子梗，垫上直接长产孢细胞，产孢细胞瓶梗状，大小（3～7）μm×（1.5～2.5）μm；分生孢子无色至榄褐色，单胞，近梭形，基部平截，顶端尖削至钝圆，表面光滑，大小（19～23）μm×（2～3）μm。

传播途径和发病条件 病菌以菌丝和分生孢子器在病株上或病落叶上越冬，翌春条件适宜时，从菌丝上产生分生孢子，靠风雨传播，8～9月发病，土壤缺肥易发病。

防治方法 （1）精心养护，适时施肥浇水，增强树势。（2）发现病落叶及时清除，土壤贫瘠地块要培肥地力。（3）初发病时及时喷洒1∶1∶160倍式波尔多液或30%戊唑·多菌灵悬浮剂1000倍液或77%硫酸铜钙可湿性粉剂400倍液、40%福美双可湿性粉剂600倍液，隔10天左右1次，防治2～3次。

板栗锈病

症状 栎柱锈菌引起的锈病，主要为害叶片。叶片染病初在叶面上产生褪绿小斑点，逐渐扩展成橙黄色疱状斑，即夏孢子堆，不久病表皮破裂，散出黄色粉状物，即病原菌的夏孢子。病斑扩展后，中央长出许多黑色小粒点，夏季在叶背面长出似毛发状物，即冬孢子堆。冬孢子为害松属植物，在枝干上产生近圆形木瘤，春季木瘤裂开散出粉状锈孢子，再侵染板栗，受害严重的致叶片早落，削弱树势，影响产量和质量。

栗膨痂锈菌引起的锈病，叶背面病部生一粒粒黄橙色的小圆点，直径0.1～0.25mm，为病原菌夏孢子堆，叶脉附近较

板栗锈病病菌夏孢子堆（邱强）

板栗锈病病叶上的夏孢子堆（张炳炎）

多，叶正面相对应处出现褪色斑，中央灰白色，边缘暗褐色。冬孢子堆为褐色蜡质斑，表皮不破裂，着生在叶背面。

病原 *Cronartium quercuum*（称栎柱锈菌）和 *Pucciniastrum castaneae*（称栗膨痂锈菌），均属真菌界担子菌门。前者夏孢子较厚，2～3.5μm，孢子也略宽，14～20μm，有性态冬孢子堆呈柱状。栗膨痂锈菌夏孢子无色，卵圆形至长椭圆形，（12.5～23）μm×（11～14）μm，壁厚1～2μm，壁上密生小刺，冬孢子黄色至黄褐色，卵形，有2～6个细胞，（19.8～37）μm×（14～30）μm。

传播途径和发病条件 栎柱锈菌以冬孢子越冬，栗膨痂锈病已知夏孢子在落叶上越冬，病害在8～9月发生。

防治方法 （1）及早清洁板栗园，把枯枝落叶集中烧毁。（2）发病前喷洒1：1：160倍式波尔多液或20%戊唑醇水乳剂或乳油2000倍液。

板栗疫病

板栗疫病又叫干枯病、溃疡病、腐烂病、胴枯病等，是一种世界性病害。1913年美国人Meyer在我国发现了板栗疫病，现在已在国内普遍发生，主要有北京、河北、山西、辽宁、江苏、浙江、安徽、福建、江西、山东、河南、湖北、湖南、广东、广西、四川、重庆、贵州、陕西等省。已列为国内外检疫对象。近年我国发生十分严重，山东、辽宁、四川发病率高达30%，老树几乎达到90%，每年都会造成死树情况发生。

症状 板栗苗木、成年果树均可受害，染病后病害迅速侵入枝干，快速产生树皮烂腐，造成上部枝梢萎蔫或全株枯死，产量、质量减少。发病初期表皮产生边缘不规则的水渍状病斑，浅褐色到红褐色，接着出现橘黄色至暗红色疣状突起，是病原菌的子座。接着子座顶端破皮突显，雨后或湿度大，子座内生出橙黄色卷须状的孢子角。进入秋季、冬季子座变成深褐色，产生黑色刺毛状子囊壳，从颈部伸出子座外，撕破病树皮可见菌丝层。在嫁接树上病斑出现在嫁接口处。严重时木质部表层也受害，造成树势严重衰退，出现病部树皮纵裂，有的露出木质部。

板栗疫病（干枯病）
树干肿胀树皮爆裂
腐败

板栗疫病（干枯病）前期症状　　板栗疫病（干枯病）病干上的症状（邱强）

板栗疫病嫩枝始病期
切面病变

板栗疫病（干枯病）
症状

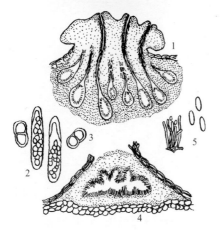

板栗疫病（干枯病）
病菌
1—子囊壳及子座；
2—子囊；
3—子囊孢子；
4—分生孢子器；
5—分生孢子梗及分生
　孢子

病原 *Cryphonectria parasitica*(Murill)M.E.Barr.称隐丛赤壳，属子囊菌门隐丛赤壳属，其无性型为 *Enaothiella parasitica* Roane 称寄生小内座壳孢，是种专性寄生菌。

传播途径和发病条件 该菌主要以菌丝、子座、子囊壳、分生孢子器及分生孢子在病株枝干、枝梢或以菌丝在栗皮内越冬。翌年初侵染主要靠分生孢子。春季在病斑上产生橘红色疣状子座，5月以后在子座上溢出一条浅黄色至橘红色分生孢子角，遇水后溶化，分生孢子借雨水或昆虫传播，孢子萌发长出菌丝体通过树枝、干上的伤口侵入栗树的韧皮部，天气潮湿产生分生孢子进行再侵染。秋季产生子囊孢子从子囊壳中有力射出，通过伤口侵入栗树树体。分生孢子可存活60～90天，子囊孢子释放是长期的。可达数月，经一年干燥后遇水仍可萌发侵入。当气温高于7℃病斑开始扩展，气温20～28℃最适该菌生长和繁殖，病斑扩展迅速。一般侵入5～8天出现病斑，10～18天产生子座，随后产生分生孢子器。

防治方法 （1）对引进板栗苗木、接穗、带皮原木、枝条要严格检疫。（2）种植抗病品种。中国的板栗品种多，普遍较抗板栗疫病，是最好的抗性品种，北京地区最抗病的品种有红光栗。东南地区是皖薄壳。其他抗病品种还有红栗、石丰、乌板栗、油板栗、黄板栗、灰普板栗、桂林油栗、油毛栗、明栗、长安栗、九家种等。（3）适地建园、加强管理、强壮权势、减少伤口。①要在适宜板栗生长的区域建园，有利于保护树体健壮、抵御病菌浸染。土壤pH4.6～7.5之间为宜，最适pH5.5～6.5。气候条件年平均气温8～22℃，年降水量500～1500mm。光照充足。②加强管理，减少和保护伤口：枝干涂白，防治蛀干害虫，加强修剪。对剪锯口和嫁接口要涂抹石灰水或石硫合剂保护。冬季清园、刮粗树皮。出现涝灾要及时排水，防止栗园积水。③均衡施肥，多施有机肥改良土壤，增强权势。（4）进行生物防治。①喷涂生物拮抗剂，用生物拮抗剂S511、S308喷涂干部，病斑治愈率100%。②板栗疫苗病菌弱毒株的利用1990年我国发现了弱毒力菌株，板栗疫病菌弱毒株的发现为板栗疫病的有效防治带来了希望。（5）化学防治。①病斑部位涂23%络氨铜水剂30倍液，可使子座萎缩，病斑不再扩大。②刮除病斑后涂1～3波美度石硫合剂，用塑料薄膜包裹，防止树体散失水分。③用50%多菌灵可湿性粉剂600倍液加0.8mg/kg井冈霉素喷雾防治，喷淋树冠和枝干。④栗苗栽植前用1：1：100波尔多液浸泡30min。

板栗枝枯病

症状　引起栗树枝枯或干部树皮腐烂。发病初期症状不明显，病程达到一定时间病枝上的叶片开始萎蔫，枝干上出现溃疡，皮层腐烂或开裂，逐渐失水干缩。春夏在病部长出很多粉红色小疣，即病原菌的分生孢子座，直径和高度均为0.5～1.5mm。秋季在其四周产生小疱状的红色子囊丛，剥开病皮可见木质部已褐变。枝干较细小的溃疡部可环绕一周，病部以上枝叶干枯。

病原　*Nectria cinnabarina*，称朱红赤壳，属真菌界子囊菌门。子囊壳群集在瘤状子座上，近球形，顶部下凹，鲜红色，直径400μm。子囊棍棒状，（70～85）μm×（8～11）μm，侧丝粗，有分枝。子囊孢子长卵形，双胞无色，（12～20）μm×（4～6）μm。无性型为*Tubercularia vulgaris*，称普通瘤座孢，属真菌界无性型子囊菌。分生孢子座大，粉红色。分生孢子梗长条形。分生孢子椭圆形，单胞无色，（5～7）μm×（2～3）μm，该菌为弱寄生菌，多为害树势衰弱的果树。

板栗枝枯病病枝受害状（徐志宏摄）

病树、病残体均是重要传染源，生长期子囊孢子或分生孢子随风雨或昆虫、工具传播，树势弱的栗树易发病。

防治方法 （1）精心养护，增施有机肥，注意提高栗树抗病力。（2）注意减少伤口，发现溃疡斑刮除溃疡部以后，涂抹30%乙蒜素乳油40倍液，也可在枝干上喷洒30%乙蒜素乳油400～500倍液或21%过氧乙酸水剂1000倍液，1个月后再喷1次。（3）防止枝枯病先刮除病皮，将3.3%腐殖钠·铜（治腐灵）膏剂原药进行涂抹，也可喷洒3.3%水剂300～500倍液。

栗仁斑点病

我国栗种植区栗仁斑点病发生普遍，南方比北方发病更重。生长季节发病率一般在3%以下，常温储藏发病较重，常达10%左右，随储藏时间延长而增加，会逐渐加重，25℃时发病率可高达60%以上，几乎完全丧失商品性。

症状 栗仁斑点病又称黑斑粒、沉腐粒，常见有黑斑型、褐斑型、腐烂型三种类型。除炭疽病可在极少数栗实的尖端产生种皮变黑症状外，绝大多数栗斑点类症状都表现在种仁上，即外观种皮无异常的栗实内部产生各种坏死斑点。斑点病粒放在清水中不易浮起，不能采用水洗法去除病粒，因此被称为沉腐粒。

病原 病原为*Alternaria alternata*（Fr. ： Fr.）Keissler称链格孢和*Calletotrichum gloeosporioides*（Pena.）penz. et Sacc.

栗仁斑点病病果放大

栗仁斑点病

胶孢炭疽菌引起黑斑型斑点病。褐斑型主要由 *Fusarium solam* 称腐皮镰孢、*F. tricinctum* 三线镰孢和 *F. moniliforme* 串株镰孢及 *Penicillium expansum* 扩展青霉引起。由青霉菌引起的斑点病是典型的储藏期病害，其余病原菌都有可能在板栗成熟前侵染。

传播途径和发病条件 影响该病消长的主要因素是采收至加工期的温度、栗仁失水程度，当然栗瘿蜂发生程度及栗实成熟度及机械伤等都有些影响。

防治方法 （1）冷藏。采后10～25天是控制关键时期，减少常温储存时间尽快进入冷库储藏。（2）生长期加强肥水管理，增强树势，注意防虫。（3）适时采收，防止青蓬期采收。（4）采收后药剂防治。用50%甲基硫菌灵可湿性粉剂1000倍液+5mg/kg 2.4-滴浸果3min然后沙藏60天后防效可达89%以上。

板栗芽枯病

症状 又称溃疡病，主要为害嫩芽。早春刚萌发的芽出现水渍状后变褐枯死。幼叶染病产生水渍状不规则形暗绿色病斑，后变成褐色，四周有黄绿色的晕圈。病斑扩大后，从新梢扩展到叶柄，最后叶片变褐内卷，花穗枯死脱落。

板栗芽枯病
（溃疡病）为害刚
萌发的幼芽症状

病原 *Pseudomonas syringae* pv. *castaneae*，称丁香假单胞菌栗溃疡致病型，属细菌域普罗特斯细菌门。

传播途径和发病条件 病原细菌在病部越冬，栗萌芽期开始侵染，增殖的病原细菌借风雨向四周扩展，栗展叶期进入发病高峰，雨日多或狂风暴雨利其发病。

防治方法 （1）发现病枝、病芽及时剪除，集中烧毁。（2）栗树发芽前涂抹3～5波美度石硫合剂或1：1：20的波尔多液、30%碱式硫酸铜悬浮剂400倍液，以减少越冬菌源。（3）发病初期喷洒50%氯溴异氰尿酸可溶性液剂1000倍液或3%中生菌素可湿性粉剂600倍液、72%农用高效链霉素可溶性粉剂2500倍液、20%叶枯唑可湿性粉剂600倍液+20%噻森铜悬浮剂600倍液。

板栗细菌性疫病

症状 主要为害栗果实和树干，尤其是成熟果实。病原细菌通过昆虫产卵器在果实上刺孔产卵留下的伤口处侵入，第一症状是入侵伤口处有渗出物，栗树汁液从伤口处渗出。栗果脱落后从栗果花萼处渗出，气候干旱时渗出物泡沫状，湿度大

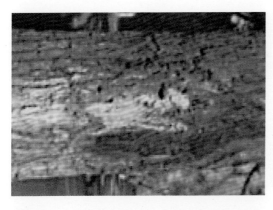

板栗细菌性疫病（栗栎欧文菌疫病）树干上溃疡症状

时没有泡沫呈水渍状，该病在夏末发生多或流行。树干染病产生水渍状溃疡。

病原 *Erwinia quercina*，称栎欧文菌，属细菌域普罗特斯菌门。菌体杆状，单生或链生，无芽孢，革兰染色阴性。生长最适温度27～32℃，42℃以上不再生长。

传播途径和发病条件 昆虫产卵造成的伤口是病菌侵染的主要条件，气温30℃左右、湿度大或雨日多易发病。

防治方法 （1）严格检疫。（2）发病初期喷洒80%波尔多液可湿性粉剂700倍液或20%噻森铜悬浮剂600倍液。

板栗根霉软腐病

症状 栗果实霉烂，灰白色，略软化，表生灰白色绵状霉，后期果实上现点状黑霉，即病原菌的菌丝、孢子囊梗和孢子囊。

病原 *Rhizopus stolonifer*，称匍枝根霉（黑根霉），属真菌界接合菌门。菌丝初无色，后呈灰黑色，菌落生长很快；假根发达，根状，初无色后变成黄褐色，孢囊梗直立，2～4根丛生，壁光滑，浅褐色至深褐色，直径12～22μm，孢子囊球

板栗根霉软腐病病果
上的孢囊梗和孢子囊

状至亚球状，成熟时黑色，有小刺，直径95～187μm。孢囊孢子球形，大小（5～8）μm×（4.5～6.5）μm。

传播途径和发病条件 病菌寄生性弱，分布十分普遍，可在多种植物上生活，条件适宜产生孢子囊，释放出孢囊孢子，靠风雨传播，病菌从伤口或生活力衰弱或遭受冷害等部位侵入，该菌分泌果胶酶能力强，致病组织呈糊糊状，在破口处又产生大量孢子囊和孢囊孢子，进行再侵染。气温23～28℃、相对湿度高于80%易发病，果实伤口多发病重。

防治方法 （1）加强肥水管理，保持通风透光。（2）防止产生日烧果，果实成熟后及时采收，不要长时间挂在枝上。发现病果及时摘除，集中处理。雨后及时排水，防止湿气滞留，注意通风换气。（3）储运时注意减少伤口。

板栗腐烂病

症状 板栗腐烂病危害栗树枝干。发病初期，枝干上病斑褐色，稍隆起，水渍状，病组织褐色、腐烂，常流出褐色汁液。后期病斑干缩、凹陷，上面密生橙黄色小粒点，为病菌的分生孢子器。雨后或空气潮湿时，涌出卷须状黄色分生孢子角。秋季在病部产生褐色小粒点，为病菌的子座。

小枝发病，病斑暗褐色，扩展迅速，呈枝枯症状。病部后期产生黑色小粒点，为病菌的分生孢子器。

病原 *Valsa ceratophora*，属真菌界子囊菌门。无性型为 *Cytospora ceratophora*，属真菌界无性型子囊菌。

传播途径和发病条件 病菌以菌丝体、分生孢子器和子囊壳在病组织上越冬，产生分生孢子，借风雨传播，从伤口侵入。发病轻重与品种抗寒性关系密切，生产上不耐寒的品种发病重。

板栗腐烂病

板栗腐烂病病果

防治方法 春季刮除主干上的腐烂病斑，然后涂抹3.315%甲硫·萘乙（灭腐新）涂抹剂原药。防治病枝腐烂病，春季刮除枝上的粗皮后涂抹甲硫·萘乙涂抹剂原药。也可用2.12%腐殖·铜（金腐康）原药，用刀把腐烂树皮刮净，直到露出好皮，伤口切成内凹外凸荏口，再把搅拌好的原液用毛刷均匀涂抹患处。

板栗栎链格孢褐斑病

症状 主要为害叶片，多发生在叶缘，产生不规则形病斑，褐色至深褐色，病菌菌丝、分生孢子梗、分生孢子主要生在叶

板栗栎链格孢褐斑病
发病初期症状

面。发生严重时多斑融合成不规则大斑，造成叶片卷曲干枯。

病原 *Alternaria querei*，称栎链格孢，属真菌界无性型子囊菌。分生孢子梗单生或簇生，直立，直或屈膝状弯曲，暗褐色，有分隔，生1至数个孢痕，（47.5 ～ 65）μm×（3.5 ～ 6）μm。分生孢子单生或短链生，倒梨形，褐色，具横隔膜3 ～ 6个，纵、斜隔膜2 ～ 4个，孢身（19.5 ～ 47）μm×（12 ～ 25）μm。喙柱状或锥状，顶端略膨大，（8 ～ 24）μm×（3.5 ～ 5）μm。

传播途径和发病条件 栎链格孢在病部或芽鳞内越冬，借昆虫和风雨传播，雨日多、雨量大、栗园肥力不足或树势衰弱易发病。

防治方法 （1）综合分析制订栗园科学合理施肥方案，实行配方施肥，增施有机肥，使土壤有机质含量达到2%，增强树势，提高抗病力，有条件的栗园采用水、肥一体化技术可大大减少发病。（2）发病初期喷洒50%异菌脲可湿性粉剂900倍液或50%福·异菌可湿性粉剂800倍液。

板栗赤斑病

症状 板栗赤斑病是生产上常发的重要病害。初发病时，在叶脉上或叶缘产生近圆形至不规则形褐红色病斑，边缘深褐色，直径2～8mm，后期病斑中部长出黑色小粒点，即病原菌的分生孢子器。雨后病斑扩展迅速，多斑融合后连成一片，叶缘上卷，出现半叶或全叶干枯，造成叶片大量干枯脱落，或果实落果。

病原　*Phyllosticta castaneae*，称栗叶点霉，属真菌界无性型子囊菌。分生孢子器散生在叶面，初埋生，后外露，球形至扁球形，直径75～165μm，高60～115μm；器壁厚8～12μm，形成瓶形产孢细胞，上生分生孢子；器孔口居中，产孢细胞单胞无色，（5～12）μm×（4～6）μm；分生孢子卵形，

板栗赤斑病受害状
（徐志宏摄）

板栗赤斑病为害叶片放大（徐志宏原图）

两端钝，有的略弯，单胞无色，$(5 \sim 7)\mu m \times (2 \sim 3)\mu m$。

[传播途径和发病条件] 病原真菌以分生孢子器在病斑上或随病落叶进入土壤中越冬，成为翌年该病的初侵染源，春季气温升高，雨日来临，板栗叶子展开时，从分生孢子器中涌出的分生孢子，借助风雨或昆虫传播到板栗叶片上，从伤口或气孔侵入，经几日潜育在病叶上扩展蔓延，造成6～7月病株出现大量病落叶和病果。

[防治方法] （1）秋末冬初把病落叶、病果、修剪下的病枝搜集到一起集中烧毁。（2）合理修剪，加强肥水管理，提高栗树抗病力十分重要。（3）春季栗树展叶期喷洒1：1：160倍式波尔多液或80%波尔多液可湿性粉剂700倍液预防。发病初期喷洒30%戊唑·多菌灵悬浮剂1000倍液或50%异菌脲可湿性粉剂1000倍液。

板栗褐斑病（灰斑病）

[症状] 主要为害叶片。产生褐色小斑点，后逐渐扩展成近圆形至不规则形病斑，多个病斑融合成不规则形大斑，褐色或暗紫色，四周现黄色晕圈，中央散生黑色小粒点，即病原菌

板栗褐斑病（张炳炎）

的分生孢子器。发病重的病叶提早脱落，尤其是暴风雨后很易大量落叶，引起树势衰弱。

病原 *Phyllosticta maculiformis*，称斑形叶点霉，属真菌界无性型子囊菌。分生孢子器球形至扁球形，直径80～100μm。器壁膜质；分生孢子圆筒形或棍棒形，两端平，平滑无色，大小4μm×1μm。

传播途径和发病条件、防治方法 参见板栗赤斑病。

板栗斑点病

症状 主要为害叶片，夏秋两季开始发病。初发病时叶上产生褐色小病斑，扩展后变成黄褐色病斑，直径3～5mm，周围色略深。发病重的多个病斑相互融合成不规则大斑，病斑表面散生黑色小粒点，即病原菌分生孢子器。

病原 *Tubaria japonica*，属真菌界无性态子囊菌。分生孢子圆形至宽椭圆形，单胞无色，有双重膜，大小（40～55）μm×（34～45）μm。

传播途径和发病条件 直到目前尚未见侵染规律报道，生

板栗斑点病发病初期症状

产上树体枝叶过多过密、通风透光不良或树势衰弱的栗园发病多且重，造成叶片早落。

[防治方法]（1）加强肥水管理，施足有机肥，提高树体抗病力。（2）适时修剪，剪除过密枝条，改善通透性。（3）发病初期喷洒50%苯菌灵可湿性粉剂800倍液或70%甲基硫菌灵水分散粒剂1000倍液。

板栗毛毡病

[症状]　主要为害栗树叶片，遇有锈壁虱侵害叶片时，叶背面或叶片正面产生不规则的苍白色小斑点，后随病斑不断扩大突破病部表皮，出现密集的白色绒毛，后略带红色，最后变成褐色似毛毡状，故称毛毡病，严重的叶片扭曲变形，造成叶片早期脱落。

[病原]　*Colomerus dispar* Pagenstecher，称锈壁虱，属节肢动物门瘿螨科。虫体小，圆锥形，需在放大镜或显微镜下才能看清虫体特征，生产上主要靠田间受害状判断。

[防治方法]　花前或落花后喷洒40%辛硫磷乳油1000倍液或30%茚虫威水分散粒剂1500倍液。

板栗毛毡病叶背面的毛毡

板栗叶斑病

症状　主要为害叶片，初在叶片上产生红褐色小斑点，后扩展为圆形至椭圆形深褐色病斑，中央红褐色，外围有黄绿色至黄褐色晕圈，后期病斑中部产生轮状排列的黑色小粒点，即病原菌的分生孢子盘。叶背面病斑灰色，边缘褐色。病情严重的叶片干枯脱落。

病原　*Monochaetia monochaeta*，称单毛盘单毛孢，属真菌界无性型子囊菌。病斑上密生分生孢子盘。分生孢子纺锤形，有4个隔膜，中间3个细胞较大，暗褐色，两端细胞无色，着生1根无色纤毛，分生孢子大小为（16～18.5）μm×（6.5～7）μm，中间细胞光滑、薄壁，长11～13μm，顶端纤毛长6～9μm，基部附属物长1～2μm。

传播途径和发病条件　病菌在病叶上越冬，翌春气温升高，雨后产生子囊孢子、分生孢子进行初侵染和多次再侵染，多在7月开始发病，9月病斑迅速增加，引起叶片早落。雨日多的年份发病重。

防治方法　（1）及时清除病落叶，集中烧毁。（2）发病

板栗叶斑病

前喷洒70%甲基硫菌灵水分散粒剂1000倍液或80%福美双水分散粒剂1000倍液、30%戊唑·多菌灵悬浮剂1000倍液。

板栗木腐病

症状　真菌寄生在板栗树干或大枝上，造成受害部位的树皮和木质部腐朽脱落，轻者露出木质部，同时病菌向四周扩展形成大型长条状或梭形大溃疡斑，后期病部长出灰白色覆瓦状的子实体，受害处木材变白腐朽，严重时可造成病树枯死。

病原　*Schizophyllum commune*，称裂褶菌，属真菌界担子菌门。

传播途径和发病条件　该菌菌褶在干燥条件下可长期存活。当温、湿度适宜时，表面绒毛迅速吸水，可在数小时内释放孢子进行传播，病菌从伤口侵入。多雨季节均温25～32℃发病重，8月上旬停滞下来。树势衰弱老龄树发病重。

防治方法　（1）合理配施氮磷钾有机肥，增强树势，提高抗病力很重要。（2）发现木腐病子实体要彻底清除，并刮

板栗树裂褶菌木腐病

干净染病的木质部，伤口可用3.3%腐殖钠·铜膏剂原药涂抹患处，5～10天涂1次，重的可涂2次。也可用3.3%水剂300～500倍液喷雾或浇灌。清除的木腐病子实体及脱落的木屑，要小心清除携出园外处理干净。

板栗白纹羽病

症状　主要为害根部，引起霉烂。初发病时，由细根扩展到侧根和主根上，病根表面产生白色至灰白色丝状菌丝纠结成的根状菌索，后期腐烂的柔软组织大部消失，外部的栓皮层似鞘状套套在木质部外面，木质部上有时可见黑色小菌核。

病原　*Rosellinia necatrix*，称褐座坚壳，属真菌界子囊菌门。

防治方法　围绕树干挖1个半径为50～100cm、深度为30cm的环形沟，除去病部病根及菌核，然后在坑中灌50%氟啶胺悬浮剂1000倍液50～100kg，待药液渗下后覆土。也可用土壤注射器向根部注射上述药液。

板栗白纹羽病
（张炳炎）

板栗流胶病

板栗细菌性流胶病是广西隆安县板栗生产上新发现的头等病害，发生面积较大，已经波及4个乡镇，部分板栗园发病率高达46%，严重影响板栗的长势和次年的结果率。

症状 树干上有流胶点或大型胶滴，树势衰弱。

病原 初步鉴定为细菌性病害，学名待定。

防治方法 （1）6月下旬重点预防板栗流胶病。可向树干喷洒53.8%氢氧化铜悬浮剂600倍液或1∶1∶（150～200）倍式波尔多液。（2）对已发病的树干上的流胶点用20%噻森铜悬浮600倍液+68%农用硫酸链霉素可湿性粉剂1500倍液或20%噻森铜悬浮剂600倍液+25%叶枯唑可湿性粉剂600倍液注射到流胶组织内。也可喷洒30%戊唑·多菌灵悬浮剂1000倍液。（3）防治流胶病用3.3%腐殖钠·铜（治腐灵）水剂300～500倍液喷雾有效。流胶严重的要刮除病部后及时涂抹3.3%膏剂原药1～2次。

板栗空苞

症状 板栗授粉受精后，常有一部分刺苞生长到核桃大小时，中途停止生长，一直保持绿色，形成空苞。板栗雄花多雌花少，雄花数量是雌花的400倍，消耗大量树体营养，空苞现象多，是板栗生产上存在的普遍现象。板栗空苞率为15%～30%，有的高达60%～90%，造成板栗产量低。

病因 有四：一是认为其由板栗自身遗传性造成的，有些品种空苞率很低，有些品种很高；二是认为空苞是开花期授粉不良引起的，板栗是异花授粉植物，自花结实率很低，单栽植的品种结实率低，空苞率高；三是板栗园营养不良，栗子生

板栗空苞

长发育所需营养不足，造成一部分胚胎发育停止而产生空苞；四是认为空苞是缺少硼元素引起的，生产上土壤施硼，空苞率明显减少。

板栗空苞现象最重要的原因在于花后胚胎发育中途停止，把板栗生长发育期的子房内源激素含量调节到适于板栗胚胎发育的水平，这是解决板栗空苞问题的重要手段和途径。外源激素的变化可直接影响内源激素，生产上可以通过喷洒有利于板栗果实发育的外源激素来达到增产的目的。

防治方法（1）土壤施硼，春季施用为宜，山区因灌水困难可选择7月份雨季施硼，在树冠下投影面积每平方米施20g硼砂，对第2年有效采用沟施或穴施，深度30cm，5年内有效。也可在开花期叶面喷洒0.3%硼砂，均匀喷到雌花或叶面上，喷2次，效果明显。（2）板栗花期对红栗叶喷洒赤霉素50mg/L，可使板栗空苞率下降45.8%～68.8%。（3）花期喷施稀土400mg/L，空苞率降低70.2%，产量增加43%。有试验证明：花期喷稀土浓度以500mg/L为宜，坐果率提高50%以上，果个增大，产量增加37.5%。

2. 板栗害虫

栗皮夜蛾

学名 *Characoma ruficirra* Hampson，属鳞翅目、夜蛾科。别名：栗洽夜蛾。分布于山东、河南等地。

寄主 栗、橡树。

为害特点 幼虫蛀食栗蓬和栗实，引致脱落，并可啃食嫩枝皮、雄花絮、穗轴及叶柄，偶有蛀入嫩枝和叶柄内为害者。

形态特征 成虫：体长10～18mm，体浅灰黑色，触角丝状，复眼黑色，前胸背、侧面及胸部背面鳞片隆起，前翅亚外缘线与中横线间灰白色，其间近前缘处具一半圆形黑色大斑，近后缘处具黑色眼状斑，斑上生一眉状弯曲短线，内横线为平行双黑线。后翅浅灰色。卵：长0.6～0.8mm，半圆形，卵顶有1个圆形突起，周围有放射状隆起线，乳白至橘黄色，近孵化时灰白色。幼虫：体长13mm左右，初孵幼虫浅褐

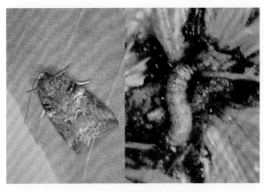

栗皮夜蛾成虫（左）
和幼虫（右）

色，后变褐至绿褐色。前胸盾和臀板深褐色，中、后胸背面具毛片6个，横向排列成直线，腹部1～7节背面有毛片4个排成梯形。蛹：长10mm左右，粗短，体节间多有白粉，背面深褐色，腹面及翅芽浅黄色。茧：黄褐色。

生活习性 山东年生2～3代。以幼虫在被害栗蓬总苞内越冬，橡树上越冬场所不明。1～2代主要为害板栗；第3代产卵于橡树上。翌年6月初第1代卵始见，6月上、中旬进入产卵盛期，卵期3～6天，幼虫6月上旬始见孵化，中旬进入盛期，下旬开始老熟作茧化蛹，6月底～7月上旬为化蛹盛期，蛹期9～14天。6月底始见第2代卵，7月中、下旬为盛期。卵期2～3天。第2代幼虫7月初始见，7月中、下旬进入盛期，7月下旬～8月上旬为蛀蓬盛期，一只幼虫常为害2～3个蓬。7月下旬后，幼虫老熟作茧化蛹，8月中、下旬为化蛹盛期，蛹期11天左右，第2代成虫8月上旬始见羽化，8月底～9月中旬进入盛期。局部地区可发生第3代。成虫昼伏夜出，一般羽化后2～3天开始交配产卵。第1代卵开始多产在新梢嫩叶上，后则产在幼蓬上，此代幼虫主害幼蓬和雄花穗。第2代卵多产在蓬刺端部，幼虫孵化后先食蓬刺，后转食蓬皮，最后蛀入栗实，直达蓬心。第3代卵均产于橡树秋梢叶片上，幼虫只为害橡树。

防治方法 当前主要是药剂杀卵和初孵幼虫，即掌握第1～2代卵盛孵期各喷一次80%敌敌畏乳油1000倍液或30%茚虫威水分散粒剂1500倍液，可取显著效果。其他药剂参考核桃举肢蛾树上使用药剂。

栗实象虫

学名 *Curculio davidi* Fairmaire，属鞘翅目、象甲科。别

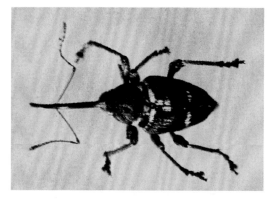
栗实象成虫

栗实象幼虫

名：板栗象鼻虫、栗象。分布于黑龙江、吉林、辽宁、山东、河南、安徽、江苏、浙江、湖北、湖南、江西、福建、广东、陕西、甘肃、四川、贵州、云南。云南曾报道栗象甲为栗实象（*Curculio davidi*），后经调查云南板栗象甲有二斑栗象（*C. bimaculatus Faust*）和柞栗象［*C. dentipes*（Roelojs）］两种。

寄主 板栗、茅栗、栎类、榛子和梨等。

为害特点 幼虫在栗实内为害子叶，内充满虫粪，被害栗失去发芽能力和食用价值；成虫食害嫩枝、嫩叶和幼果。

形态特征 成虫：雌体长7.2～9mm，雄体长6.9～8mm，体黑褐色，被灰白鳞毛。触角11节，端部3节略膨大。

雌虫头管长 9 ～ 12mm，触角着生于头管近基部 1/3 处；雄虫头管长 4.2 ～ 5.2mm，触角着生于头管的 1/2 处。头部与前胸交接处有 1 块白色鳞斑，鞘翅上各有两条由白色鳞片组成的横带。足黑色被白色鳞片，腿节内侧下方有一小齿。卵：椭圆形，长 1.5mm 左右，表面光滑有光泽。幼虫：体长 8 ～ 12mm，微弯，头黄褐色，胴部乳白色多横皱，疏生短毛。蛹：灰白色，长 7 ～ 11mm，头管伸向腹部下方。

生活习性 云南年生 1 代，长江流域以北地区 2 年 1 代。以老熟幼虫在树冠下土内 4 ～ 12cm 处作室越冬。翌年 6 ～ 7 月化蛹，蛹期 10 ～ 15 天，7 月下旬羽化，8 月中旬为羽化盛期，羽化后于土室内静伏 5 ～ 10 天，然后出土为害，成虫白天活动，假死性强，10 余天后交配产卵，产卵时先在果皮上咬 1 小洞，然后产卵洞内，一般 1 洞 1 粒。9 月为产卵盛期，卵期 12 ～ 18 天。幼虫期 1 个月左右，早期被害果往往脱落，后期被害果不脱落，幼虫老熟蛀一圆孔脱出。2 年 1 代者幼虫第 3 年化蛹羽化出土。在板栗上产卵密度取决于栗苞苞刺的结构，一般苞刺密而长，质地坚硬，苞壳厚的品种较抗虫。纯栗林被害轻；栗和栎类混栽林受害重。

防治方法 （1）选用大型、苞刺密而长、苞壳厚、质地硬的抗虫品种，如香甜栗、金黄栗、早大栗、牛心栗等。（2）栎类植物尽量避免栽于栗园内或附近。（3）秋末冬初深翻土地至 15cm 以下，杀死越冬幼虫。（4）幼虫脱果前短期内集中采收，堆果场撒 2.5% 辛硫磷微粒剂或 1% 敌马粉剂等以毒杀脱果幼虫。（5）栗实脱粒后用 50 ～ 55℃ 温水浸种 10min，可杀死果内幼虫。（6）脱粒后将栗果集中于密闭熏蒸室内，每 50m³ 用二硫化碳 1.5 ～ 2.5kg，熏蒸 48h 可将果内幼虫全部杀死。（7）成虫出土后产卵前于树上喷洒 80% 敌敌畏或 24% 氰氟虫腙悬浮剂 1000 倍液，连续喷药 2 ～ 3 次。成虫出土前药剂处理土壤撒施辛硫磷、敌百虫等粉剂。（8）郁蔽栗园可于成虫发生期使用烟剂熏杀成虫。

栗实蛾

学名 *Laspeyresia splendana* Hübner，属鳞翅目、卷蛾科。别名：栗子小卷蛾、胡桃实小蠹蛾、栎实小蠹蛾。分布于黑龙江、吉林、辽宁、内蒙古、山西、河北、北京、天津、陕西、甘肃、宁夏、青海、新疆等地。

寄主 栗、核桃、栎、榛等。

栗实蛾成虫栖息在叶片上

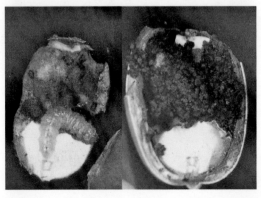

栗实蛾幼虫在栗果内蛀害

为害特点 幼虫取食栗蓬，稍大蛀入果内为害，有的咬断果梗，致栗蓬早期脱落。

形态特征 成虫：体长7～8mm，体银灰色，前、后翅灰黑色，前翅前缘有向外斜伸的白色短纹，后缘中部有四条斜向顶角的波状白纹。后翅黄褐色，外缘为灰色。卵：扁圆形，长1mm，略隆起，白色半透明。幼虫：体长8～13mm，圆筒形，头黄褐色，前胸盾及臀板淡褐色，胴部暗褐至暗绿色，各节毛瘤色深，上生细毛。蛹：稍扁平，黄褐色，体长7～8mm。腹节背面各具两排突刺，前排刺稍大。

生活习性 辽宁、陕西秦岭一带年生1代，均以老熟幼虫结茧在落叶或杂草中越冬。东北翌年6月化蛹，蛹期13～16天；7月中旬进入羽化盛期。成虫寿命7～14天，白天静伏在叶背，晚上交配产卵，卵多产在栗蓬刺上和果梗基部。初孵幼虫先蛀食蓬壁，而后蛀入栗实，从蛀孔处排出灰白色短圆柱状虫粪，堆积在蛀孔处，一果里常有1～2头幼虫，幼虫期45～60天，老熟后咬破种皮脱出，落地后结茧化蛹。

防治方法 （1）秋末彻底清除栗园枯枝落叶、杂草等地被物，集中烧毁，可消灭大量越冬幼虫。（2）生物防治：卵发生期667m^{2}放赤眼蜂30余万头，有较好效果。（3）药剂防治：幼虫孵化至蛀果前喷药，重点是栗蓬。所用药剂参考核桃举肢蛾。

栗瘿蜂

学名 *Dryocosmus kuriphilus* Yasumatsu，属膜翅目、瘿蜂科。别名：栗瘤蜂。分布：几乎遍布我国各板栗产区。

寄主 栗树、毛栗、珍珠栗。

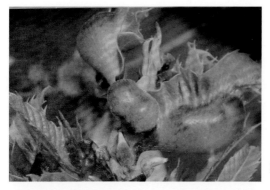

栗瘿蜂为害叶片状

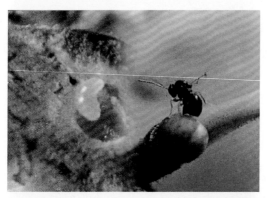

栗瘿蜂幼虫和成虫

栗瘿蜂成虫（邱强）

为害特点 幼虫为害芽、叶和嫩梢，形成瘿瘤而不能抽枝和开花，叶小呈畸形，严重时树势衰弱、枝条枯死，产量大减。

形态特征 成虫：体长 2～3mm，黄褐至黑褐色有光泽。头短宽，触角丝状14节，柄节和梗节黄褐色，鞭节褐色。胸部膨大，背面光滑，前胸背板有4条纵隆线，小盾片上翘而尖。足黄褐色，后足发达。翅白色透明，翅脉褐色，无翅痣。腹部侧扁，产卵管针状，平时齐于尾端。卵：椭圆形，乳白色，长0.1～0.2mm，略弯曲，末端有细柄，柄长0.6mm左右。幼虫：体长2.5～3mm，纺锤形略弯曲，两端稍细，钝圆。口器淡褐至黄褐色，胴部12节无皱纹，乳白色，无足。老熟时体黄白色。蛹：长2～3mm，初乳白色，渐变黄褐色，复眼红色，羽化前体黑色。

生活习性 年生1代，以初龄幼虫于芽内越冬。栗芽萌发时开始活动为害，新梢长1.5～3cm时便出现瘿瘤，逐渐膨大略呈圆形，幼虫老熟后于瘿瘤内化蛹。在河北：化蛹期为5月下旬～7月上旬，盛期为6月上、中旬。蛹期15天左右。羽化期为6月上旬～7月下旬，盛期为7月上旬前后，羽化后约经15天才咬破瘿瘤钻出。成虫白天活动，飞行力不强，晴朗无风天可在树冠附近飞翔，夜晚栖息在叶背。行孤雌生殖，卵多产在饱满芽内，产卵管刺入芽内将卵产于柔嫩组织中，每芽内产2～3粒，每雌可产卵11～52粒。出瘿瘤的成虫可活3～7天，产完卵即死亡。卵期15天左右。幼虫孵化后即于芽内为害花、叶的原基组织，并形成小虫室，9月中、下旬开始于虫室内越冬。一般向阳、地势低洼、避风郁闭的栗林发生较重，就单株而言内膛和树冠下部枝上发生较多。其天敌国内发现有10余种寄生蜂，长尾小蜂寄生率较高。

防治方法 （1）加强综合管理、合理修剪，使树体通风透光，可减少其发生。（2）夏季成虫羽化前剪除瘿瘤枝条并集中处理，为保护寄生蜂应将瘿瘤放纱笼内，纱孔以栗瘿蜂成虫不能钻出为限，置园内让寄生蜂飞出现行寄生。据湖北省报道，当本地优势天敌中华长尾小蜂益害比达到1：5时，能抑制栗瘿蜂大发生。（3）成虫出瘿期喷洒80%敌敌畏乳油或20%氰戊菊酯乳油1500倍液；40%啶虫脒水分散粒剂3000～4000倍液；10%吡虫啉可湿性粉剂2000倍液毒杀成虫效果很好；郁闭度大的栗林可用烟剂熏杀成虫。也可于春季新梢生长前或7～8月栗苞膨大前，结合施肥，根际周围施入30%乙酰甲胺磷乳油6～9g/株或24%氰氟虫腙悬浮剂8～10株。（4）不要在栗瘿蜂发生的栗林采接穗，以防扩大蔓延。

板栗园桃蛀螟

学名 *Conogethes punctiferalis*（Guenée），属鳞翅目、草螟科，别名：豹纹斑螟。

为害特点 以幼虫蛀害栗嫩茎、栗蓬和栗果实，栗果内虫粪堆积不堪食用，并造成落花落果，对栗产量和质量影响特别大。该虫除为害栗外，还严重为害桃、李、石榴、梨、玉米、向日葵等。

生活习性 各地发生代数不同，辽宁1年2代，陕西、山东1年2～3代，河北、江苏1年4代，浙江、江西、湖北1年5代，湖南1年6～7代，均以老熟幼虫越冬，越冬场所有果树翘皮裂缝、树洞、堆果场、仓库缝隙，翌年4月开始化蛹，第1代、第2代幼虫主害栗果，少数为害李、梨等，或转移到玉米上为害，以后各代主要为害板栗、石榴、玉米、向日葵等。

防治方法 （1）冬季清除林间地面落果，4月份前处理完，

板栗园桃蛀螟成虫

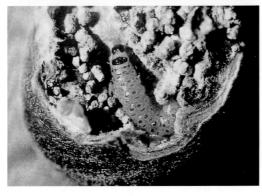

板栗园桃蛀螟幼虫蛀
食栗果（徐志宏）

并把板栗树枝干老皮刮除，集中烧毁，消灭越冬幼虫。（2）拾捡落果并销毁，摘除有虫果。（3）药剂防治。掌握在第3～4代成虫盛发期（7月下旬～8月下旬）重点喷洒栗蓬，有效杀虫剂有5%氯虫苯甲酰胺悬浮剂1000倍液或2.5%溴氰菊酯乳油2000倍液、5%氟铃脲乳油1500倍液。（4）栗蓬采收后及时脱粒，并挑出虫果集中烧毁或深埋。同时对附近的桃、李、山楂、玉米、向日葵等也都进行防治，效果更好。

栗花翅蚜

学名 *Myzocallis kuricola* Matsumura，属同翅目、蚜科。

栗花翅蚜

别名：栗角斑蚜。

寄主 板栗。

为害特点 以成蚜、若蚜群集在叶片背面主脉或侧脉两侧刺吸寄主汁液，有时也为害幼嫩枝条，严重影响叶片的光合作用和新梢生长。

形态特征 无翅胎生雌成蚜：体长1.4mm，体暗褐或淡红褐色，胸、腹部背面两侧具黑色斑点。有翅胎生雌成蚜：体长约1.5mm，赤褐色，翅透明，沿纵脉呈淡黑色带状斑纹，腹部背面中央两侧具黑色斑纹。卵：椭圆形，长径约0.4mm，黑绿色。若蚜：头胸部棕褐色，腹部紫褐色。

生活习性 年发生多代，以卵在寄主枝杈部位越冬。翌年4月上旬栗树芽体萌动时，越冬卵开始孵化，若蚜初期先群集于芽体为害，以后随着芽体生长、嫩梢抽长和叶片展开，逐渐迁移到嫩梢和幼叶为害，并排泄蜜露污染叶片，导致煤污病的发生。天气干旱往往有利于为害发生，严重时可引起早期落叶。10月底前后出现性蚜，在枝条上交尾后，寻找适宜场所产卵越冬。

防治方法 （1）芽体萌动时，树体喷洒3～5°Bé石硫合剂或40～60倍松脂合剂，可控制越冬卵的孵化。（2）幼叶展开后，喷洒20%甲氰菊酯1800倍液或5%啶虫脒乳油2000 ～ 3000倍液、25%吡蚜酮可湿性粉剂2000 ～ 2500倍液、10%氯噻啉可湿性粉剂4000 ～ 5000倍液。

栗大蚜

学名 *Lachnus tropicalis*（Van der Goot），属同翅目、大蚜科。别名：栗大黑蚜、栗枝大蚜、黑大蚜。

寄主 栗和栎类。

为害特点 成、若虫群集枝梢上或叶背面和栗蓬上吸食汁液，影响枝梢生长。

形态特征 成虫：有翅胎生雌蚜体长约4mm,黑色，被细短毛，腹部色较浅。触角第3节长于第4 ～ 5节之和，约有次生感觉圈10个。翅色暗，翅脉黑色，前翅中部斜向后角处具白斑2个，前缘近顶角处具白斑1个。腹管短小凸起，尾片半圆形生细毛。无翅胎生雌蚜体长约5mm，黑色被细毛，头胸部窄小略扁平，占体长1/3，腹部球形肥大，触角第3节有次生感觉圈6个，足细长。腹管和尾片同有翅胎生雌蚜。卵：长椭圆形，长约1.5mm，初暗褐色，后变黑色具光泽。若虫：多为黄

栗大蚜（张毅原图）

褐色，与无翅胎生雌蚜相似，但体较小，色淡，后渐变深褐色至黑色，体平直近长椭圆形。有翅若蚜胸部发达，具翅芽。

生活习性　年生多代，以卵于枝干皮缝处或表面越冬，阴面较多，常数百粒单层排在一起。翌年4月孵化，群集在枝梢上繁殖为害，5月产生有翅胎生雌蚜，迁飞扩散至嫩枝、叶、花及栗蓬上为害繁殖，常数百头群集吸食汁液，到10月中旬产生有性雌、雄蚜，交配产卵在树缝、伤疤等处，11月上旬进入产卵盛期。属留守式类型。

防治方法　（1）冬季刮皮消灭越冬卵。（2）在树干1m高处刮除粗皮，露出黄白色皮层，成30cm宽的环状带，涂抹10～20倍的40%乐果乳油，10～15天后再涂抹1次，涂完后用旧报纸包扎，以防人畜中毒。（3）越冬卵孵化后喷洒5%啶虫脒乳油2500倍液或10%烯啶虫胺水剂2000倍液或50%吡虫啉可湿性粉剂4000倍液、50%氟啶虫胺水分散粒剂2.3g/667m^2。

栗黄枯叶蛾

学名　*Trabala vishnou* Lefebure，属鳞翅目、枯叶蛾科。别名：栎黄枯叶蛾、绿黄枯叶蛾、蓖麻枯叶蛾。分布于山西、河北、河南、安徽、江苏、浙江、湖北、湖南、江西、福建、台湾、陕西、甘肃、四川、云南。

寄主　栗、核桃、海棠、苹果、山楂、石榴、柑橘、咖啡、蓖麻等。

为害特点　幼虫食叶成孔洞和缺刻，严重时将叶片吃光，残留叶柄。

形态特征　成虫：雌体长25～38mm，翅展60～95mm，淡黄绿至橙黄色，头黄褐色杂生褐色短毛；复眼黑褐色；触角短、双栉状。胸背黄色。翅黄绿色，外缘波状，缘毛黑褐

栗黄枯叶蛾成虫（吴
增军）

栗黄枯叶蛾幼虫生黄
白相间背纵带

色，前翅近三角形，内线黑褐色，外线波状暗褐色，亚端线由
8～9个暗褐斑纹组成断续波状横线，后缘基部中室后具一黄
褐色大斑。后翅内、外线黄褐色波状。腹末有暗褐色毛丛。雄
体较小，黄绿至绿色，翅绿色，外缘线与缘毛黄白色，前翅
内、外线深绿色，其内侧有白条纹，亚端线波状黑褐色，中室
端有一黑褐色点；后翅内线深绿，外线黑褐色波状。腹末有黄
白色毛丛。卵：椭圆形，长0.3mm，灰白色，卵壳表面具网状
花纹。幼虫：体长65～84mm，雌长毛深黄色，密生，雄灰
白色。全体黄褐色。头部具不规则深褐色斑纹，沿颅中沟两侧

各具一黑褐色纵纹。前胸盾中部具黑褐色"×"形纹；前胸前缘两侧各有一较大的黑色瘤突，上生一束黑色长毛。中胸后各体节亚背线，气门上、下线和基线处各生一较小黑色瘤突，上生一簇刚毛，亚背线、气门上线瘤为黑毛，余者为黄白色毛。3～9腹节背面前缘各具1条中间断裂的黑褐色横带，其两侧各有一黑斜纹。气门黑褐色。蛹：赤褐色，长28～32mm。茧：长40～75mm，灰黄色，略呈马鞍形。

生活习性 山西、陕西、河南年生1代，南方2代，以卵越冬，寄主发芽后孵化，初孵幼虫群集叶背取食叶肉，受惊扰吐丝下垂，2龄后分散取食，幼虫期80～90天，共7龄，7月开始老熟，于枝干上结茧化蛹。蛹期9～20天，7月下旬～8月羽化，成虫昼伏夜出，有趋光性，多于傍晚交配。卵多产在枝条或树干上，常数十粒排成2行，粘有稀疏黑褐色鳞毛，状如毛虫。每雌可产卵200～320粒。2代区，成虫发生于4～5月和6～9月。其天敌有蠋敌、多刺孔寄蝇、黑青金小蜂等。

防治方法 （1）冬春剪除越冬卵块集中处理。（2）捕杀群集幼虫。（3）低龄幼虫期喷洒25%阿维·灭幼悬浮剂2500倍液或20%氰·辛乳油1200倍液。

板栗园大灰象甲

学名 *Sympiezomias velatus*（Chevrolat），属鞘翅目、象甲科。别名：大灰象鼻虫。分布在黑龙江、吉林、辽宁、内蒙古、山西、河北、河南、江苏、浙江、江西、福建、湖北、湖南、广西、广东等地。

寄主 成虫除为害栗、核桃外，还为害蔷薇科果树、柑橘、草莓、枣以及棉、豆、麻等多种植物。

大灰象甲雌、雄成虫
放大

为害特点 成虫为害幼芽、嫩叶和嫩梢，幼虫于土中食害地下组织。

形态特征 成虫：体长8～12mm，灰黄至灰黑色。复眼黑色，椭圆形。触角膝状11节，端部4节膨大呈棒状，着生于头管前端，柄节纳入喙沟内。头管短宽背面具3条纵沟。前胸稍长，前、后缘较平直，两侧略呈圆形，背面中央有1条纵沟；鞘翅略呈卵圆形，末端较尖，鞘翅上各有10条纵刻点列和不规则的黑褐色斑纹略呈"U"形；雄鞘翅末端和腹末均较钝圆，雌均尖削。后翅退化。末节腹面雌体有2个灰白色斑点；雄体为黑白相间的横带，基部白色，端部黑色。卵：长椭圆形，长1.2mm，初乳白后变黄、黄褐色，20～30粒成块。幼虫：长约17mm，乳白色，无足，胴部1～3节两侧各有毛瘤1个，其间有横列刚毛6根，以后各节各有横列刚毛8根。蛹：长约10mm，初乳白色，后变灰黄色，暗灰色。

生活习性 年生1代，少数寒冷地区2年1代。1代者以成虫于土中越冬，4月开始出土活动，先为害杂草，而后爬到果树、林木的幼树、苗木上食害新芽、嫩叶，白天多潜伏于土缝或阴暗的叶背等处，傍晚及清晨最为活跃，取食为害、交尾产卵。受惊扰假死落地长时间不动。可多次交尾，5～6月经常可见成对的成虫静伏枝叶上。以4～5月为害最烈，常将芽叶食光。6月陆续产卵于叶上，多将叶纵合成饺子状折合部分叶缘，产卵于其中，分泌有半透明胶质物黏结叶片和卵块。偶有产于土中者。每雌可产卵百余粒。卵期1周左右。幼虫孵化后入土生活，取食植物地下部组织，至晚秋老熟于土中化蛹，羽化后不出土即越冬。2年1代者第1年以幼虫越冬，第2年为害至秋季老熟化蛹、羽化，以成虫越冬。

（防治方法） 孵化中期或低龄幼虫期喷洒24%氰氟虫腙悬浮剂1000倍液。

板栗园针叶小爪螨

（学名） *Oligonychus ununguis*（Jacobi），属真螨目、叶螨科。分布于河北、北京、山东、江苏、安徽、浙江、江西、宁夏等地。

（寄主） 板栗、山楂、观赏林木、松、柏等。

（为害特点） 以若螨、成螨刺吸叶片汁液，栗受害后叶现苍白色小斑点，严重时苍黄色或焦枯死亡。

（形态特征） 雌成螨：体长490μm，宽315μm，椭圆形，褐红色，足、颚体橘红色。背表皮纹在前足体为纵向；后半体、第1、第2对背中毛之间为横向，第3对背中毛之间基本横向，但不十分规则。背毛26根（臀毛位于腹面），其长度均超过横列间距。肛侧毛1对。生殖盖及生殖盖前区表皮纹均为横向。足1跗节双毛近基侧具4根触毛和1根感毛，前双毛的腹面仅生1触毛。雄成螨：阳具末端与柄部呈直角弯向腹面，其端部逐渐收缩。卵：洋葱状，越冬卵暗红色，夏卵浅红色。卵壳上具放射状纹。若螨：4对足，绿褐色，形似成螨。

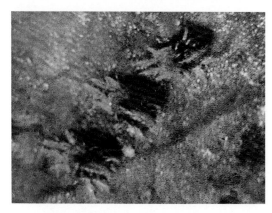

板栗园针叶小爪螨

生活习性 北方栗区年生5～9代，以卵在1～4年生枝条上越冬。北京越冬卵于5月上旬开始孵化，5月下旬孵化结束，第1代幼螨孵化后爬至新梢基部小叶正面为害，以后为害部位逐渐上移。第2代于5月中旬～7月上旬发生，第3代于6月上旬～8月上旬，从第3代开始出现世代重叠。生产上7月中旬前后出现全年发生高峰，常可持续到7月下旬。每雌卵量43～72粒，雌成螨寿命15天，雄成螨1.5～2天，夏卵卵期8～15天。由于此螨喜在叶面活动，夏秋大暴雨常使其种群数量迅速降低。

防治方法 （1）药剂涂干。当栗树开始展叶抽梢时，越冬卵即开始孵化。用40%乐果或毒死蜱乳油5倍液涂干，效果较好。涂药方法为：在树干基部选择较平整部位，用刮皮刀把树皮刮去，环带宽15～20cm，刮除老皮略见青皮为止，不能刮到木质部，否则易产生药害。刮好后可涂药，涂药后用塑料膜包扎。为防止产生药害，药液浓度要控制在10%以下。药液有效成分在6.7%时，对针叶小爪螨的有效控制期可达40天，且对栗树安全无药害。（2）药剂防治。在5月下旬～6月上旬，往树上喷洒选择性杀螨剂43%联苯肼酯悬浮剂或24%螺螨酯悬浮剂3000倍液、5%噻螨酮乳油2000倍液，全年喷药1次，就可控制为害。在夏季活动螨发生高峰期，也可喷洒3.3%阿维·联苯菊乳油1500倍液，对活动螨有较好的防治效果。（3）保护天敌。栗园天敌种类较多，常见的有草蛉、食螨瓢虫、蓟马、小黑花蝽及多种捕食螨，应注意保护利用。有条件的地区可以人工释放西方盲走螨及草蛉卵，开展生物防治。

板栗园栎芬舟蛾

学名 *Fentonia ocypete*（Bremer），属鳞翅目、舟蛾科。别名：细翅天社蛾、罗锅虫、旋风舟蛾等。分布于黑龙江、吉林、辽宁、河北、浙江、江西、湖南、陕西、湖北、福建、四川、云南等。

寄主 栗、栎。

为害特点 幼虫食叶成缺刻或孔洞。

形态特征 成虫：雄体翅展44～48mm，雌体46～52mm，头、胸背暗褐色，腹背灰黄褐色；前翅暗褐色，内、外线双道黑色，内线以内的亚中褶上生1黑色纵纹；后翅苍白色。幼虫：头肉色，每边颅侧区各有6条黑细斜纹；胸部绿色，背中央有一内有3条白线的"1"形黑纹，纹两侧衬黄边；腹背

栎芬舟蛾幼虫正在食害栗叶

白色，由许多黑色和肉色细线组成的美丽图案形花纹，气门线由许多灰黑色细线组成一宽带。

生活习性 辽宁年生1代，以蛹越冬，翌年7月初开始羽化，幼虫从7月下旬～9月末为害。

防治方法 参见栎掌舟蛾。

板栗园栎掌舟蛾和苹掌舟蛾

学名 栎掌舟蛾 *Phalera assimilis*（Bremer et Grey），属鳞翅目。舟蛾科。雄成虫：翅展44～45mm，雌蛾略大，前翅顶角生1肾形浅黄色大斑，斑内缘有明显棕色边，基线、内线

栎掌舟蛾低龄幼虫放大（冯明祥）

苹掌舟蛾幼虫

和外线黑色锯齿状。后翅浅褐色。末龄幼虫：体长55mm，头黑色，体暗红色，体上密生灰白色至黄褐色较长的软毛，静止时头尾两端上翘呈舟形。体上生8条橙红色纵线，各体节上生1条橙红色横带。

苹掌舟蛾 *Phalera flavescens*（Bremer et Grey）：成虫体长22～25mm，体翅黄白色，翅基生1个、近外缘处生6个大小不一的椭圆形斑排成带状，两斑之间生3～4条不清晰的黄褐色波浪形线，别于栎掌舟蛾。幼虫：与栎掌舟蛾相似。

生活习性 年生1代，均以蛹在板栗等果树附近的表土层里越冬，翌年7月下旬～8月上旬进入成虫羽化期，7月下旬～9月是幼虫为害期。9月中、下旬幼虫老熟后落地入土化蛹越冬。成虫喜把卵产在叶背，幼虫5龄，3龄前群聚为害，3龄后分散开来，多从新梢顶部或梢端开始，后向下多点为害，受害重时叶片被吃光。

防治方法 （1）该虫系偶发害虫，一旦发生，可利用3龄前群聚在一起和受惊扰下垂两习性，及时剪除虫枝，摘除虫叶及时杀灭。（2）7～8月幼虫发生盛期及时喷洒25%阿维·灭幼悬浮剂2500倍液或20%氰戊菊酯乳油1500倍液或5%啶虫脒乳油2000～3000倍液。（3）幼虫老熟入土期在树冠下撒施白僵菌后轻耙松土，效果好。

栗透翅蛾

学名 *Aegeria molybdoceps* Hampson，属鳞翅目、透翅蛾科。别名：赤腰透翅蛾。分布于山东、江苏。

寄主 栗。

为害特点 幼虫窜食枝干皮层，尤以主干中、下部受害重，可致整株枯死。

栗透翅蛾成虫

栗透翅蛾幼虫

形态特征 成虫：体长15～21mm，翅展37～42mm，形似马蜂。触角两端尖细，基半部橘黄色，端半部赤褐至黑褐色，头部、中胸背板橘黄色。雌腹部1、第4、第5节、雄第1节有橘黄色横带，第2、第3腹节赤褐色，末节橘黄色。翅透明，脉和缘毛茶褐色。足侧黄褐色，中、后足胫节具黑褐色长毛。卵：淡红褐色，扁椭圆形，长0.9mm。幼虫：体长41mm左右，污白色，头褐色，前胸盾具褐色倒"八"字纹，臀板褐色。蛹：长14～18mm，黄褐色，腹部4～7节背面各具两横列短刺，前列大于后列，8～10节上只生细刺一列。

生活习性 年生1代，少数2年1代。常以2龄幼虫在为害处越冬，翌年3月中、下旬开始活动为害，5～7月进入为害盛期，7月中、下旬老熟陆续作茧化蛹，8月上、中旬为化蛹盛期，蛹期约15天。8月上、中旬羽化并开始产卵，8月下旬～9月上旬进入产卵盛期，卵期15天左右。8月下旬开始孵化，9月中、下旬进入盛期，10月上旬达2龄开始越冬。幼虫越冬期间日均温高于2℃，即开始活动，2年1代者幼虫第3年化蛹羽化。成虫白天活动，有趋光性，羽化当天即可交配，次日产卵，卵多散产在大树主干下部裂缝内、翘皮下或虫孔旁边，每雌产卵300～400粒，孵化后即蛀入皮内为害。

[防治方法] （1）3～4月用煤敌溶液（煤油1～1.5kg，加入80%敌敌畏乳油50g）涂抹枝干被害处，杀虫率高达95%。（2）加强管理，增强树势；保护树体减少伤口，可减轻为害。成虫产卵前涂刷涂白剂，以防产卵。（3）成虫盛发期可于树干喷洒40%辛硫磷乳油1000倍液或9%高氯氟氰乳油或30%茚虫威乳油1500倍液。（4）9月中旬卵孵化盛期刮除树干上的粗翘皮，集中烧毁消灭初孵幼虫和卵。

栗叶瘿螨

[学名] *Eriophyes castanis* Lu.，属蜱螨目、瘿螨科。分布于河北、河南等板栗产区。

[寄主] 为害栗，尚未发现为害其他寄主。

[为害特点] 受害叶片上产生袋状虫瘿，大小（10～15）mm×3mm，每张叶片上有虫瘿百多个，多在叶面，叶背面也有，每个虫瘿在叶背生1孔口，四周具黄褐色刺状毛，虫瘿后期干枯变黑，叶片早落。

栗叶瘿螨为害状
（邱强）

形态特征　雌螨：体胡萝卜形状，长170μm，宽31μm，越冬雌成虫浅黄色，生长季瘿内雌成螨乳白色，半透明。体腹部具环节60个左右，背板前端宽圆，背中线占背板1/3长。体两侧具4根长毛，足4对。

生活习性　该螨以雌成螨钻到栗树芽鳞的下面越冬，翌春5月上旬抽梢展叶时开始出蛰活动，转移到新叶上为害，在叶两面长出袋状虫瘿，每个瘿中有螨体数百个，多的近千个，多爬到顶芽或顶端较大的芽上，一个顶芽上最多聚集千余头，造成受害叶形成虫瘿，7～8月还有虫瘿产生。生产上随枝条接穗或苗木传播。

防治方法　（1）严格检疫，防止疫区扩大。不要从有虫株上剪取接穗用来嫁接苗木。（2）进入7～8月有虫瘿枝叶要及时剪除并集中烧毁。（3）有虫株在芽膨大期喷洒5°Bé石硫合剂或1.8%阿维菌素乳油或水乳剂或微乳剂1500倍液、14%阿维·丁硫乳油1400倍液。

板栗园花布灯蛾

学名　*Camptoloma interiorata* Walkr，属鳞翅目、灯蛾科。

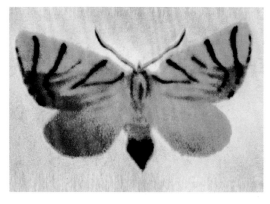

花布灯蛾成虫

别名：黑龙柝毛虫。分布在黑龙江、吉林、辽宁、河北、河南、山东、江苏、浙江、福建、安徽、湖南、湖北、四川、广东、广西、云南等地。

寄主 板栗、乌桕等果树林木。

为害特点 幼虫群聚把栗叶吃成孔洞或缺刻，严重时把叶片吃光。早春为害芽苞，使栗树不能开花抽叶，严重时绝收。

形态特征 成虫：体长10mm，体橙黄色，头金黄色，腹末红色，前翅黄色，翅面有黑线6条，后缘及臀角上方生红色斑纹，外缘上半部生1黑纹，外缘下半部的缘毛上生3个黑斑。后翅金黄色。幼虫：体长30mm，棕红色，体上具短毛。

生活习性 江苏、浙江年生1代，以3龄幼虫群聚在树干或枝杈处结虫苞潜伏在苞内越冬，翌春3月气温升到9℃，越冬幼虫开始把虫苞向树上部树干或树枝上转移，黄昏后出虫苞爬向小枝上咬食芽苞，常把芽苞咬1～2个圆孔，钻入芽内蛀害，造成芽苞干枯。4月中旬幼虫为害嫩叶。进入5月上、中旬幼虫老熟后下树作茧化蛹，蛹多在6月中旬羽化为成虫，黄昏后交尾，次日把卵产在树冠中部叶背面，经8～20天幼虫孵化，从卵底部咬破卵壳爬出群集在卵块四周吐丝结成虫苞，幼虫在虫苞内取食叶肉，每个虫苞内有幼虫800多头，进入11月气温下降到10℃时，该虫迁移到枝丫处做新虫苞在苞中潜伏越冬。

防治方法 （1）冬春注意清除树干上越冬的虫苞。（2）生长季节虫量大时喷洒2.5%溴氰菊酯乳油1500倍液或20%氰·辛乳油1200倍液、5%除虫菊素乳油1000倍液。

栗毒蛾

学名 *Lymantria mathura* Moore，属鳞翅目、毒蛾科。别名：栎毒蛾、二角毛虫、苹果大毒蛾等。分布在东北、华北、河南、安徽、江苏、浙江、湖南、湖北、福建、广东、广西、四川、云南、台湾。

栗毒蛾成虫

栗毒蛾幼虫及其为害栗树叶片

寄主 栗、苹果、梨、杏、李等。

为害特点 以幼虫为害叶片，食叶成缺刻常致叶片破碎，严重时把叶片吃光，也为害芽。

形态特征 雌成虫：体长30～35mm，翅展85～95mm，头胸白色，触角黑褐色丝状，复眼黑色，颈板中央生1黑点；胸背中央具1黑点和两侧各1粉红色点；前翅白色，前缘和外缘粉红色；亚基线黑色；各线横脉纹棕褐色，内线锯齿形，中线波浪形；外线锯齿形；脉间棕褐色。后翅粉红色。末龄幼虫：体长50～70mm，头黄褐色布黑褐色圆点。体黑褐色布黄白色斑，腹面黄褐色，背线在前胸白色，其余各节黑色，气门线黑色，气门下线灰白色；前胸背面两侧各具1黑色大毛瘤，上生长毛束黑褐色；第1腹节背面生1对大毛瘤色深。第9腹节的6个毛瘤上各具1束长毛；胸、腹足赤褐色。

生活习性 东北、华北地区及山东年生1代，以卵在疤伤、皮缝中越冬。翌年5月孵化，初孵幼虫群集，稍大分散为害，幼虫期50～60天，老熟缀叶或在杂草中结茧化蛹，蛹期10～15天，7月下旬羽化。成虫有趋光性，卵多产在树干阴面，每雌产卵500～1000粒。

防治方法 （1）冬春刮除卵块，人工捕杀初孵幼虫、蛹、成虫。（2）幼虫群集为害时喷洒40%辛硫磷乳油1000倍液或20%氰戊菊酯乳油1500倍液、20%氰·辛乳油1000～1500倍液。

板栗园绿尾大蚕蛾

学名 *Actias selene ningpoana* Felder，属鳞翅目、大蚕蛾科。别名：水青蛾、长尾月蛾。分布在辽宁、河北、山东、河南、山西、陕西、江苏、浙江、湖北、江西、安徽等地。

板栗园绿尾大蚕蛾成虫（李元胜摄）

绿尾大蚕蛾幼虫

寄主　该虫除为害栗外，还为害苹果、梨、葡萄、核桃、樱桃、石榴、杏、海棠等。

为害特点　以初孵幼虫群聚为害，3龄后开始分散食叶成缺刻或孔洞，大龄幼虫把叶片食光，残留粗脉或叶柄。

生活习性　北方年生2代，南方3代，以蛹越冬，翌年5月羽化，成虫昼伏夜出，把卵产在叶或枝上，每雌可产卵250粒左右，初孵幼虫群聚取食，3龄后分散，食量大。第1代幼虫5月下旬～8月上旬为害严重。第1代成虫出现在7～8月继续繁殖，7月下旬可见到第2代幼虫，为害至8月下旬爬到杂草上化蛹。3代区成虫分别在5月、7月、9月出现，以蛹茧附着在树干上越冬。

防治方法 （1）秋末冬初，及时清园，摘除病叶集中烧毁。（2）利用成虫趋光性，安置黑光灯或频振式杀虫灯诱杀成虫。（3）发生量大的地区可在幼虫低龄期喷洒25%灭幼脲悬浮剂1000倍液或1.8%阿维·苏云可湿性粉剂900倍液、25%阿维·灭幼悬浮剂2000倍液。

板栗园樟蚕蛾

学名 *Eriogyna pyretorum*（Westwood），属鳞翅目、大蚕蛾科。分布在广东、广西、河北、江西、福建、四川等地。

板栗园樟蚕蛾成虫

板栗园樟蚕蛾成长幼虫放大

寄主 主要为害板栗、沙梨、番石榴、樟等。

为害特点 食叶成缺刻或孔洞。

形态特征 成虫：体长28～32mm，翅展80～100mm，体、翅灰褐色，前翅基部暗褐色，三角形，顶角外侧生2条紫红色纹，内侧生2条黑短纹，前后翅中央各生1个中心透明外缘褐色或蓝黑色眼斑。卵：长2mm，乳白色筒形。幼虫：体长80～100mm，黄绿色，体上各节均生毛瘤，第1胸节有6个，其余各节8个，瘤上着生棕色硬刺。

生活习性 年生1代，以茧蛹越冬，3月下旬～4月上旬成虫羽化，把卵成堆产在树枝上，每堆50粒，有趋光性，7～8月发生较多。

防治方法 （1）在茧蛹期采集虫茧，集中杀灭茧中蛹。（2）在低龄幼虫期喷洒1.8%阿维·苏云可湿性粉剂1000倍液或25%阿维·灭幼悬浮剂或可湿性粉剂2000倍液。

灿福蛱蝶（灿豹蛱蝶）

学名 *Fabriciana adippe*（Denis & Schiffermüller），属鳞翅目、蛱蝶科。分布在浙江、西藏等地。

灿福蛱蝶成虫

寄主 板栗、堇菜科植物。

为害特点 幼虫食叶成缺刻或孔洞，成虫喜食花蜜。

形态特征 成虫翅橙黄色，前翅、后翅上的黑色斑块大且稀疏，后翅外缘的黑纹略呈"M"形。雌蝶翅色略深，顶角黑褐色，内生橙黄色斑2个，内、外侧具几个小白斑。雄蝶翅色略浅，前翅在肘脉1或在肘脉2上生两条性标，后翅在亚外缘处1列黑斑中的中脉1和中脉2室中各生1个黑色小点。

生活习性 5～8月发生。

防治方法 参见栗黄枯叶蛾。

板栗潜叶蛾

学名 *Lyonetia bedellist* sp.，属鳞翅目、潜蛾科。

寄主 板栗。

为害特点 幼虫在叶片的上下表皮内蛀食叶肉，并将虫粪排到叶表面。

形态特征 成虫：翅展10mm，头灰黄色，体灰白色，触角灰褐色，有很长纤毛，其中基部纤毛最长。下唇须灰白色，前伸。前翅狭长，灰黄色，基部2/3有银白色光泽，端部1/3布满菊黄色鳞片，边缘有银白色光泽，缘毛长；后翅长披针形，银灰色，缘毛比翅宽稍长。末龄幼虫：体光滑，仅有少量原生刚毛，头宽0.7mm，体长5.2～7.2mm，体宽1.5～2.0mm，头黄褐色，体淡绿色，臀板淡褐色，胸足、腹足退化为痕迹状，臀足趾钩明显，单序中带。

生活习性 北京平谷年生4代，以老熟幼虫在落叶内越冬。4月下旬越冬幼虫化蛹，5月上旬越冬代成虫羽化。5月中旬第1代幼虫孵化，7月初第2代幼虫孵化，8月初出现第3代幼虫，9月上旬第4代幼虫孵化。卵多散产在较隐蔽处的成熟

板栗潜叶蛾幼虫为
害状

板栗潜叶蛾幼虫

叶片正面。幼虫孵化后即潜入叶内蛀食叶肉。第1代幼虫在叶内为害24～28天后化蛹，平均历期26.2天。老熟幼虫在叶片上结白色绵茧化蛹，蛹初期淡黄色，后逐渐加深，为褐色。第1代蛹期8～10天。成虫羽化后，自叶片内钻出，蛹壳留在叶上表皮处。

防治方法 （1）清除落叶，集中烧毁，减少越冬虫源。（2）保护利用天敌，抑制害虫发生量。（3）5月下旬、7月上旬第1、第2代幼虫发生期，喷洒1.8%阿维菌素乳油2000倍液、

24%氰氟虫腙悬浮剂1000倍液或5%氯虫苯甲酰胺悬浮剂1000倍液或10%高渗烟碱水剂。

栗大蝽

学名 *Eurostus validus* Dallas，属半翅目、蝽科。别名：大臭蝽、硕蝽。分布在吉林、辽宁、河南、山东、广东、广西、陕西、甘肃、四川、贵州、台湾。

寄主 除为害板栗外，还为害山楂、猕猴桃、梨等果树。

为害特点 以成虫、若虫刺吸嫩梢汁液，致受害枝很快干枯。

形态特征 成虫：体长23～31mm，体宽11～14mm，长卵形，棕红色。头小，三角形。喙黄褐色，长达中胸中间处，触角黑色，丝状，端部橘黄色。小盾片三角形，有皱纹。腹部背面紫红色，侧接缘较宽，蓝绿色，节缝处略红。

生活习性 年生1代，以4龄若虫在栗等寄主四周杂草或灌木丛的叶背蛰伏越冬。翌春4月上、中旬，上树为害嫩梢。5月中旬～6月下旬羽化后半个月交尾，交尾后10天产卵，产卵期在6月上旬～7月下旬，卵于6月中旬～8月中旬孵化，10月上旬若虫进入4龄后越冬。

栗大蝽成虫

防治方法 卵孵化盛期或若虫发生盛期喷洒10%吡虫啉2000倍液或20%氰戊菊酯乳油或水乳剂1000～1500倍液或40%啶虫脒水分散粒剂3500倍液或9%高氯氟氰·噻乳油1000～2000倍液。

板栗园刺蛾

学名 刺蛾类是板栗园常见害虫，属鳞翅目刺蛾科。主要种类有双齿绿刺蛾 *Latoia hilarata*（Staudinger）、板栗刺蛾（学名待定）、黄刺蛾 *Cnidocampa flavescens*（Walker）、枣刺蛾 *Phlossa conjuncta*（Walker）4种，除为害板栗外，还为害核桃等多种果树，低龄幼虫啃食叶肉，成长幼虫食叶成缺刻。

形态特征 双齿绿刺蛾别名棕边绿刺蛾。成虫：体长10mm，头、胸绿色，腹部黄色，前翅绿色，基斑褐色，在中室下缘呈角状外突，外缘带棕色与外缘平行内弯，其内缘有1大1小2个齿突，故称双齿绿刺蛾。后翅黄色。幼虫：体长17mm，粉绿色，头顶生2个黑点。背线天蓝色，两侧生有宽杏黄线。前胸背板有1对黑斑，各体节上有4个瘤状突起，丛生粗毛。中、后胸、腹部6节背面各生1对黑色刺毛，腹部末端并排有4丛黑刺毛。茧：长11mm，椭圆形。

板栗刺蛾（暂用名，待定）幼虫为害板栗，食叶成缺刻或孔洞。幼虫虫体有红色、白色、黑色、褐色花纹，胸部和臀部各生2对大型枝刺，刺上生毒毛，背线灰白色，每节两侧各生1对灰白色弧形纹，在背线和弧形纹之间近前缘处各生1个褐色瓜子形小斑，腹部两侧各生3个卵圆形大斑，前后两个较大灰白色，中间1个较小黄褐色，靠近气门和腹末的斑最大。

生活习性 北方板栗栽培区1年发生1代，以老熟幼虫在枝干基部或枝杈处结茧越冬，有时一处有几头聚集越冬，6月

双齿绿刺蛾成虫栖息
在叶上

板栗刺蛾（张炳炎摄）

黄刺蛾成虫

黄刺蛾幼虫放大

枣刺蛾幼虫

下旬～7月上旬羽化为成虫，幼虫在7～8月为害。浙江年生2代，4月下旬化蛹，5月中、下旬羽化，6月上旬～8月上旬第1代幼虫为害期，8月中旬～10月下旬进入第2代幼虫为害期，10月上旬爬到枝干上结茧越冬。

防治方法 （1）冬春修剪时要注意剪除虫茧枝并集中烧毁。（2）低龄幼虫群聚为害时摘除虫叶。（3）在幼虫低龄期喷洒每克含100亿活芽孢的苏云金杆菌悬浮剂800～1000倍液或25%阿维·灭幼悬浮剂2500倍液，对刺蛾特效。还可选用24%氰氟虫腙悬浮剂1000倍液、20%高氯·马乳油1000倍液。

板栗园角纹卷叶蛾

学名 *Archips xylosteana* Linnaeus，属鳞翅目卷叶蛾科，分布在东北、华北。

寄主 为害板栗、樱桃、苹果、梨等果树。

为害特点 幼虫吐丝常把1张叶片先端横卷或纵卷成筒状，筒两头空着，幼虫为害后频繁转移。

形态特征 成虫：体长6～8mm，前翅棕黄色，有暗褐色带有紫铜色斑纹，翅基后缘上具指状基斑，中带下宽上窄，近中室外侧有黑斑1个，端纹三角形，有1个黑色斑在顶角处。卵：扁圆，灰褐色，成块，每块有卵14～90粒。末龄幼虫：体长16～20mm，头黑色，前胸盾前半部黄褐色，后半部黑褐色，胸足黑褐色。蛹：黄褐色。

生活习性 东北、华北年生1代，以卵块在枝杈处或芽基越冬。4月下旬～5月中旬孵化，初孵幼虫喜爬到枝梢顶端群聚为害，长大后吐丝下垂，分散为害，末龄幼虫多在6月下旬在卷叶中化蛹，羽化后产卵越冬。

防治方法 （1）冬季修剪时注意把有卵块的枝条剪掉，集中烧毁。（2）卵孵化盛期喷洒25%灭幼脲悬浮剂或可湿性粉

板栗园角纹卷叶蛾成虫和幼虫

剂1000 ～ 1500倍液或40%辛硫磷乳油1000倍液、1.8%阿维菌素乳油2500倍液、6.3%阿维·高氯可湿性粉剂4000倍液。

外斑埃尺蛾

学名 *Ectropis excellens*（Butler），属鳞翅目、尺蛾科。分布于中国东北、华北地区及河南等地。

寄主 栗、栎、榆、杨、大豆、棉花、梨、苹果等。

为害特点 幼虫食叶成缺刻或孔洞。

形态特征 成虫：体长14 ～ 16mm。雄蛾触角微栉齿状，雌蛾丝状，体灰白色，腹部第1 ～ 2节背板上各生1对褐斑。翅灰白色，密布很多小褐点。前翅中部中室端外侧生1深褐色近圆形大斑。卵：横径0.8mm，椭圆形，青绿色。末龄幼虫：体长35mm，体色变化大，体上生各种形状的灰黑色条纹和斑块。蛹：长15mm，纺锤形，红褐色。

生活习性 河南年生4代。辽宁4月下旬～ 5月中旬、7 ～ 9月成虫出现。7 ～ 8月幼虫为害栗、栎等，8月下旬～ 9月中旬化蛹，以蛹越冬。

外斑埃尺蛾幼虫

【防治方法】 幼虫为害初期喷洒20%氰戊菊酯乳油2000倍液或5%吡·高氯乳油1500～2000倍液。

木蟟尺蠖

参见核桃害虫——核桃尺蠖。

樗蚕蛾

【学名】 *Samia cynthia cynthia*（Drurvy）。分布在辽宁、北京、河北、山东、河南、安徽、江苏、上海、浙江、台湾、广东、海南、广西、湖南、湖北、贵州、云南等地。

樗蚕蛾成虫

樗蚕蛾幼虫

寄主 除为害石榴、臭椿、梨、桃、柑橘、核桃、银杏外，还为害板栗。

为害特点 以幼虫食芽、嫩叶，轻的食叶成缺刻或孔洞，严重的把叶片吃光。

生活习性 该虫在北方栗区年生1～2代，南方栗区年生2～3代，以蛹越冬。在四川越冬蛹于4月下旬开始羽化为成虫，交配后产卵，历期10～15天，幼虫历期30天左右。幼虫老熟后在树上缀叶结茧。7月底～8月初是第1代成虫羽化产卵期，9～11月进入第2代幼虫为害期，以后陆续结茧化蛹越冬。第2代越冬茧长达5～6个月，蛹藏在厚茧之中。

防治方法 （1）成虫产卵或幼虫结茧后，摘除捕杀。（2）用灯光诱杀成虫，并注意利用保护其天敌。（3）幼虫发生期喷洒40%辛硫磷乳油1000倍液或25%阿维·灭幼悬浮剂1000倍液、20%氰·辛乳油1500倍液。

板栗园油桐尺蠖

学名 *Buzura suppressaria* Gaenée，别名：大尺蠖。

寄主 除为害板栗外，还为害荔枝、龙眼、柑橘、杨梅、核桃、柿、枣。

为害特点 主要为害上述寄主梢、叶，秋梢期，以2～3龄幼虫食叶成缺刻或孔洞，4龄后每天食叶8～12片，大发生时常把叶片吃光，仅剩秃枝，影响生长和结果。

生活习性 该虫在长江以南年生2～3代，广东年生4代，以蛹在土中越冬，越冬代成虫3月上旬出现，白天栖息在背风处、树干背面、杂草或灌木丛间，夜出活动，飞翔力强，有趋光性，羽化后1～3天交尾，产卵期1～2天，秋梢期卵块数

板栗园油桐尺蠖成虫

百粒或更多，卵历期10～15天。1～2龄幼虫白天多在树冠顶部，晚上吐丝下垂悬吊在树冠外围随风飘荡扩散或转株，幼虫共6龄。

防治方法 （1）在南方其天敌特多，果园只要不滥用杀虫剂、除草剂，生物群落稳定能维持动态平衡，一般不致大发生，但生产上有些人以为农药万能过分依赖杀虫剂，当其天敌昆虫被伤害，害虫失去自然控制，这些潜在的次要害虫种群数量增殖遂暴发为害。（2）一般农药对4龄以上油桐尺蠖效果不大，可选用20%抑食肼可湿性粉剂1400倍液或苏云金杆菌类与菊酯类杀虫剂混配效果好。（3）重点挖越冬代和第1代蛹。（4）在虫口数量大的树冠下铺塑料膜，上铺7～10cm松土，待幼虫老熟下树化蛹时杀灭。

大袋蛾

学名 *Clania variegata* Snellen，又称大蓑蛾。

寄主 除为害柑橘、荔枝、龙眼、苹果、梨、桃、李、杏、石榴外，还严重为害板栗。

为害特点 主要以幼虫为害叶片，严重的常把叶片吃光，有的剥食枝皮，啃食幼果，是南方板栗生产上的重要害虫。

大袋蛾幼虫

生活习性 该虫在长江中下游年生1代，在华南地区年生2代，以老熟幼虫在护囊里越冬。越冬幼虫于翌年5月上旬化蛹，5月中旬进入成虫盛发期，交配产卵后于6月上旬孵化为幼虫，进入11月上旬幼虫开始越冬。卵期11～21天，幼虫期310～340天，雌蛹期13～26天，雄蛹期24～33天，成虫期2～19天。雌成虫羽化后仍在护囊内头向下伸出护囊外，每雌产卵3000～4000粒。初孵幼虫在护囊里滞留3～5天，吐丝下垂扩散，落到新寄主上即吐丝缀合碎片及小枝梗建造护囊，幼虫隐匿在囊中，喜在梢头为害，7～9月为害最烈。

防治方法 （1）护囊悬挂在枝上，人工摘除护囊。（2）3龄前喷洒90%敌百虫可溶性粉剂或80%敌敌畏乳油1000倍液。（3）低龄幼虫期提倡喷洒25%灭幼脲悬浮剂1500倍液或25%阿维·灭幼悬浮剂2500倍液。

红脚丽金龟

学名 *Anomala cupripes* Lin。

寄主 除为害荔枝、龙眼、无花果、葡萄、杨桃、柑橘、橄榄、猕猴桃外，还严重为害南方的栗树。

红脚丽金龟成虫

为害特点 食叶成缺刻，严重时把叶片吃光。

生活习性 该虫年生1代，以幼虫在土壤中越冬，每年6～7月成虫盛发，山区栗园为害甚烈。

防治方法 （1）果园中安装太阳能杀虫灯或黑光灯诱杀成虫。（2）花蕾期或嫩梢期在成虫盛发期喷洒5%吡·高氯乳油1800倍液或35%辛硫磷微胶囊剂900倍液、2.5%溴氰菊酯乳油2000倍液。

橘灰象甲

学名 *Sympiezomia citri*（Chao）。

寄主 除为害柑橘类、桃、李、杏、无花果等多种果树外，还严重为害板栗。

为害特点 以成虫食害板栗叶片及幼果，老叶受害的常产生缺刻，嫩叶受害可把叶片吃光，新梢受害食成凹沟，严重的造成萎蔫干枯。

生活习性 该虫在长江流域年生1代，华南、云南年生2代，以成虫在土壤中越冬。翌年3月下旬～4月中旬出土，4月中～5月上旬进入为害高峰期，5月进入产卵盛期，5月中、下旬进入卵孵化盛期。孵化后的幼虫从叶上掉落土中，取食根的腐殖质。

橘灰象甲成虫

防治方法 （1）秋末冬初结合施肥把树冠下的土壤深翻15～20cm，破坏越冬环境。（2）翌年3月下旬～4月上旬成虫出土时，地表喷洒40%辛硫磷乳油200倍液，毒杀土表的成虫。（3）成虫上树后，利用该虫假死性，使其跌落土面，集中杀灭。（4）春夏梢抽发期成虫上树为害时喷洒24%氰氟虫腙悬浮剂1000倍液或20%氰·辛乳油1200倍液。

六棘材小蠹

学名 *Xyleborus* sp.，属鞘翅目、小蠹科，小蠹属。又称颈冠材小蠹。是我国新害虫。国内分布在贵州黔南地区。

寄主 板栗。

为害特点 以成虫和幼虫蛀害板栗树老枝干，隧道呈树状分枝，纵横交错，蛀屑排出孔外，造成树势衰弱，严重的整树枯死。

形态特征 雌成虫：长2.5～2.7mm，宽1.05mm，圆柱形，初羽化时茶褐色后变黑，足、触角茶褐色。复眼肾形，黑色。鞘翅斜面弧形，起始于后端3/5处。雄成虫：翅尾斜面上无凹槽，整个坡面散生细小棘粒。额面和前胸背板端沿瘤齿区生有长黄毛。卵：长0.5mm，乳白色，椭圆形。幼虫：体长

六棘材小蠹成虫及被
蛀害茎

2.9mm，略扁平，乳白色，无足。蛹：长2.7mm，乳白色。

生活习性 年生4代，以成虫、幼虫和蛹越冬，世代重叠。越冬代成虫3月中旬从内层坑道向外转移，4月上、中旬寻找合适位置筑坑产卵，十数粒至20余粒产在隧道端部，初孵幼虫斜向或侧向蛀食，产卵期长。新1代成虫出现后，老虫还不断产卵孵化，因此虫道内常有4个虫态。在板栗园中各代成虫出现的高峰期分别在5月上中旬、7月中下旬、8月下旬～9月上旬、10月中下旬，11月下旬越冬，潜伏在深层坑道中。成虫飞翔力弱。

防治方法 （1）冬季结合修剪，剪除有虫枝并集中烧毁。夏季用长竹钩杆钩断生长衰弱的濒死枯枝。（2）增施有机肥，使板栗园土壤有机质达到2%，增强树势，提高对蛀干害虫的抗性至关重要。（3）掌握在成虫咬坑产卵期，向板栗树枝干树皮上喷洒5%啶虫脒乳油2000～3000倍液。

板栗园剪枝栎尖象

学名 *Cyllorhynchites ursulus*（Roelofs），属鞘翅目、象虫科。别名：板栗剪枝象、剪枝象、柞剪枝象。分布在辽宁、

板栗园剪枝栎尖象
成虫

吉林、河北、河南、安徽、江苏、广东、福建、江西、四川
等地。

寄主 危害板栗、茅栗及葡萄、梨等果树，其中板栗受
害最重。

为害特点 以成虫咬断结果嫩枝，造成大量栗果实落地，
严重时受害株达100%，落苞率80%以上，严重影响当年产量
和以后的结果。为害板栗枝和叶片，为害新梢时绕茎啃食，最
后枝条折断，为害叶片时，受害叶成网状。

形态特征 成虫：体长6.5～9mm，体黑色，密被灰黄
色绒毛。头管长与鞘翅等长，端宽，中间细，背面具中央脊，
侧缘生沟。触角11节黑色，端3节膨大，前胸长于宽，背面具
球状隆起，上有刻点。鞘翅长，向后渐缩，每鞘翅上有10行刻
点沟，沟间有突起。雄虫触角着生在近头管端部1/3处；雌触
角着生在头管中央。幼虫：体长7～11mm，乳白色。

生活习性 年生1代，以老熟幼虫在土室中越冬，翌年5
月中旬化蛹，6月中旬成虫羽化出土，经补充营养后在低矮的
栗树取食幼小栗苞，补充4天营养后开始交尾，1生多次交尾，
头1次交尾后2～3天产卵，产卵前成虫选嫩苞枝，在距栗苞
3～7cm处把果枝咬断，留下皮层连着，使断苞枝垂悬在空中，

后成虫爬上栗苞，从侧面咬1产卵孔，孔深1.5mm，再转身把产卵器插入孔中产1粒卵并推入孔底，再用蛀屑堵塞，最后成虫把相连的果枝皮层咬断，使果枝落地。每只雌虫1天可咬断果枝3～12个，每雌产20～35粒卵。卵在落地栗苞中发育，7月中旬孵化成幼虫，仍在苞中取食，幼虫经两次脱皮，经20天老熟，向外咬孔爬出，入土3～20cm做1土室化蛹。

防治方法（1）加强管理，适时中耕施肥促栗树生长旺盛可减少受害。（2）捡拾落地栗苞，集中烧毁。在成虫产卵期定期捡拾，捡拾越彻底效果越明显。（3）成虫发生期喷洒40%辛硫磷乳油1000倍液或24%氰氟虫腙悬浮剂1000倍液、20%氰·辛乳油1500倍液、6.3%阿维·高氯可湿性粉剂4000倍液。

栗绛蚧

学名 *Kermes nawae* Kuwana，属同翅目、红蚧科。分布在全国各栗产区。

寄主 板栗和多种壳斗科植物。

为害特点 以雌成虫、若虫在板栗1年生枝梢上吸食汁液，造成发芽晚生叶迟，受害枝干枯。

栗绛蚧成虫（徐志宏）

形态特征 雌成虫：长5.7～6.7mm，高5.3～6.8mm，介壳扁圆球形，黄绿色，老熟时变成深褐色，膨大成球形，上生黑褐色形状不规则的圆形或近圆形斑，有光泽。卵：长0.2mm，长椭圆形。若虫：小，淡黄色，长椭圆形，长0.3mm，触角丝状，喙及胸足发达，尾毛1对。两尾毛之间有臀刺4根。蛹：仅雄虫有离蛹，长椭圆形，黄褐色。

生活习性 年生1代，多以2龄若虫在树缝、芽痕等隐蔽处越冬，翌年3月上旬，气温超过10℃时，2龄若虫开始取食，3月中旬后，部分若虫蜕皮后成为雌成虫，继续为害，进入主为害期，到4月上、中旬虫体增大迅速。卵在母体内孵化，进入5月中旬～6月上旬，日均温26℃，初孵若虫从母体中爬出，四处扩散为害新的枝条。

防治方法 （1）3～4月修剪时要重剪有虫枝条，并加强肥水管理，使新芽苗壮生长。（2）3月中旬后在距地表50～60cm高处，先把老树皮刮掉或刮成25cm宽环状，涂上40%乐果乳油10倍液，然后用塑料薄膜包扎。（3）5月初开始定点观察若虫孵化情况，进入盛孵期时，多在5月中、下旬喷洒9%高氯氟氰·噻乳油1500倍液或1.5%氰戊·苦参碱乳油800～1000倍液、25%噻虫嗪水分散粒剂4000倍液。药后5天再喷1次。

栗链蚧

学名 *Asterolecanium grandiculum* Russell，又称栗新链蚧，异名 *Neoasterodiaspis castaneae*（Rusll），属同翅目、链蚧科。分布在山东、浙江、江苏、江西、安徽、湖北等地。

寄主 板栗和壳斗科多种植物，是板栗生产上的大害虫。

为害特点 以雌成虫或若虫刺吸栗1年生新梢和叶片上

栗链蚧（徐志宏）

的汁液，引起受害枝梢表皮皱缩、表面凹凸不平或枝梢表皮裂开，造成抽不出枝梢或全枝干枯。常减产50%以上。

形态特征 雌成虫：黄绿色至黄褐色，近圆形，直径1.5mm左右，透明或半透明，略凹陷。背部凸起，生3条纵脊和不明显横带。初孵若虫：体长0.5mm，长椭圆形，淡黄色。卵：椭圆形乳白色，孵化前变成暗红色。蛹：圆锥形，褐色。

生活习性 江苏北部和湖北一带1年发生2代，以受精雌成虫在枝干表皮下越冬，翌年3月下旬、4月上旬越冬雌成虫开始产卵，4月下旬进入产卵盛期，卵期15天，第1代4月下旬开始孵化，5月上、中旬进入孵化盛期。6月下旬第1代雌成虫开始产卵。7月上旬第2代卵开始孵化，7月中旬进入盛期。8月上旬第2代雄虫进入化蛹盛期。9月以后开始越冬。

防治方法 （1）加强检疫。（2）冬季剪除干枯虫枝，集中烧毁。（3）第1龄幼蚧盛发时用20～30倍松碱合剂涂枝（配方为1：1：10，即松香粉1份、纯碱1份、水10份，先把碱溶入水中煮开，倒入松香粉，搅拌煮20min即成原液，使用时每500g原液对水10～15kg）。（4）取食活动期也可喷洒9%高氯氟氰·噻乳油1500倍液或25%噻虫嗪水分散粒剂4000倍液或5%啶·高乳油1200～1500倍液，隔5～7天1次，连续防治2～3次。（5）对枝干上已密集成堆的雌成虫、若虫，用10倍机油乳剂擦刷，可使介壳虫自行脱落，枝干恢复光滑。

板栗园草履蚧

学名 *Drosicha corpulenta*（Kuwana），属同翅目、绵蚧科。别名：草鞋蚧、日本履绵蚧、裸蚧。分布在辽宁、河北、山东、山西、河南、江苏、江西、福建、陕西、青海、浙江、上海、四川、内蒙古、西藏。

板栗园草履蚧雄成虫
（左）和雌成虫放大

草履蚧群聚状

寄主 柿、梨、石榴、苹果、桃、枣、毛叶枣、核桃、栗、荔枝、无花果。

为害特点 从早春开始在树上吸食嫩芽和枝的汁液，造成芽枯萎，削弱树势或枯梢死亡。

形态特征 雌雄异型，雌成虫为椭圆形似草鞋，体长10mm，黄褐至红褐色，全体被白色蜡粉。雄成虫：头胸部黑色，腹部深紫红色，复眼球形突出黑色，触角念珠状、10节、黑色。体长5～6mm，翅展9～11mm。若虫：体小，与雌虫相似。

生活习性 年发生1代，以卵在树根颈附近的土缝中越冬，靠近田边或沟边的栗树发生居多，进入1～2月卵孵化为若虫，4月受害最重。初多于嫩枝、幼芽上为害，行动迟缓，喜于皮缝、枝杈处群栖。

防治方法 （1）雌虫下树产卵前，在树干基部四周挖环状沟，沟内放些树叶、杂草，诱成虫把卵产出来后，集中烧毁。（2）用杀虫带防治，2月初初孵若虫上树前，先把树干上的粗皮刮掉，绑上8cm宽塑料薄膜，然后在膜上涂灭虫药膏（毒死蜱、甲氰菊酯混凡士林）2cm宽，每米用药5g，阻止若虫上树为害。（3）4月下旬～5月上旬在若虫蜕皮期内或上树初期喷洒5%啶·高乳油1200～1500倍液或9%高氯氟氰·噻乳油1500倍液、3%啶虫脒乳油1500倍液、1.8%阿维菌素乳油1000倍液。（4）保护红环瓢虫等天敌。

3.核桃病害

核桃炭疽病

核桃炭疽病是核桃主要病害之一。我国新疆、山西、云南、四川、山东等地均有不同程度发生，主要为害果实，在叶上、芽上、嫩梢发生时，引起核桃干瘪，影响产量和品质。

症状 果实发病后，果皮上生出褐色至黑褐色圆形至近

核桃炭疽病病果
（张炳炎）

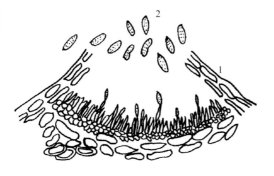

核桃炭疽病病菌
1—分生孢子盘；
2—分生孢子

圆形病斑，中央凹陷，病部产生黑色小粒点，有时呈轮纹状排列。湿度大时小黑点处呈粉红色突起，是病原菌的分生孢子和分生孢子盘。每个病果上常有多个病斑，多个病斑相互融合导致全果变黑或烂腐，失去商品价值。叶片染病产生不规则形病斑，有的沿边缘1cm处枯黄，或在主脉两侧产生长条形枯黄斑，严重的全叶枯黄脱落。

病原 *Glomerella cingulata* Stonernata Spauld et H.Schrenk，称围小丛壳，属子囊菌门小丛壳属真菌。其无性型为 *Colletotrichum gloeosporioides*（Penz.）Penz. et Sacc. 称胶孢炭疽菌，属子囊菌门真菌。

传播途径和发病条件 病菌以菌丝体在病枝、病芽上越冬，成为下一年初侵染源，分生孢子借风雨、昆虫传播，孢子在27～28℃有水滴条件下，6～7小时即可萌发侵入，也可从伤口、自然孔口侵入，25～28℃条件下，潜育期3～7天，幼果期易侵染，7～8月受害重，并可多次再侵染，生产上早实核桃、中林1号受害重。

防治方法 （1）选用抗病品种。如辽核4号、香玲、辽核1号等抗病品种。（2）加强树体管理，改善通风透光条件；清除病枝。（3）化学防治。核桃发芽前喷1次5波美度石硫合剂兼治其他病虫害。也可在核桃展叶前喷1：0.5：200（硫酸铜：生石灰：水）波尔多液保护树体。在核桃开花前、开花后、幼果期、果实速长期各喷1次1：1：200（硫酸铜：生石灰：水）波尔多液、代森锌，可兼治多种病虫。进入5月中旬，核桃炭疽病菌分生孢子飞散、侵染期喷洒5%腈菌唑乳油或10%苯醚甲环唑水分散粒剂1500倍液，或20%抑霉唑水乳剂800倍液，或38%恶霜嘧铜菌酯800倍液，隔15天1次，每年防治2～3次。

核桃假尾孢叶斑病

症状 病斑生在叶的正背两面，近圆形，直径0.5～12mm，无明显边缘，叶面病斑褐色至暗褐色，叶背黄褐色至灰褐色。子实体生在叶背面。

病原 *Pseudocercospora pterocaryae*，称枫杨假尾孢，属真菌界无性型子囊菌。菌丝青黄色分枝，有隔膜。子座近球形，生在叶表皮下，直径20～40μm。分生孢子梗紧密簇生在子座上。分生孢子梗不分枝，顶部钝圆，0～1个隔膜，（10～37）μm×（2.5～4.3）μm，次生分生孢子梗0～4个隔膜。分生孢子倒棍棒形，浅青黄色，2～10个隔膜不大明显，（35～100）μm×（3.5～4.3）μm。为害核桃、枫杨。

传播途径和发病条件 病原菌以子座或分生孢子在病残体上越冬，翌年病原菌借气流或雨水传播，从气孔或直接侵入，经7～10天发病后产生新的分生孢子进行多次再侵染，多雨季节易发病和流行。

防治方法 （1）采收后及时清园，培肥地力，把土壤有机质含量提高到2%以上，增强树势，提高抗病力。（2）发病初期喷洒1：1：200倍式波尔多液或50%锰锌·多菌灵可湿

核桃假尾孢叶斑病
病叶

性粉剂600倍液、30%戊唑·多菌灵悬浮剂1000倍液、60%戊唑醇·丙森锌可湿性粉剂1500倍液。

核桃褐斑病

症状 　主要为害叶片和嫩梢，也为害果实。叶片染病，产生近圆形至不规则形灰褐色病斑，前期边缘明显，扩展后边缘不明显，略呈黄绿色至紫色，大小0.4～0.8mm，后期病斑上产生黑色小点，即病原菌的分生孢子盘和分生孢子。嫩梢染病，产生黑褐色近椭圆形至不规则凹陷斑，严重时造成梢枯。果实染病，产生小的凹陷斑，多斑融合后果实变黑。

核桃褐斑病

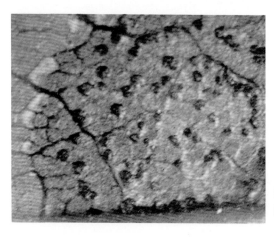

核桃褐斑病病菌的分
生孢子盘黑色

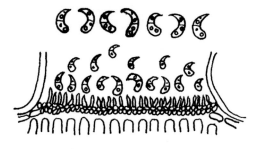

核桃褐斑病病菌分生
孢子盘及分生孢子

病原 *Marssonina juglandis*，称胡桃盘二孢，属真菌界无性型子囊菌。载孢体分生孢子盘近表面生，暗褐色至黑色，常带有一似树皮状近表生的菌丝层。分生孢子梗无色，不规则分枝，多侧生，有隔膜，产孢细胞为全壁芽生环痕式，桶形。分生孢子无色，1个隔膜。

传播途径和发病条件 病原真菌在染病的枝梢病组织中或随病落叶越冬，翌春雨后产生大量分生孢子，借风雨传播，陕西、山西5月中旬～6月上旬开始发病，7～8月进入发病高峰期。雨日多的年份，高温高湿持续时间长则易发病。

防治方法 （1）采收后结合修剪及时剪除病枝，清除病落叶集中烧毁。（2）发病初期从6月10日开始喷洒1：2：200

倍式波尔多液或60%戊唑醇·丙森锌可湿性粉剂1500倍液、40%氟硅唑乳油6000倍液。

核桃黑盘孢枝枯病

核桃枝枯病是核桃园的主要病害，我国核桃主产区辽宁、河南、河北、北京、山东、陕西、山西、甘肃、浙江、云南等省市均有发生，主要侵染枝干，造成枝干干枯死亡，据调查病株率20%左右，重的达70%，造成树冠逐年缩小，严重影响核桃产量。

症状 核桃枝枯病主要侵害枝干，病菌多从1～2年生枝梢或侧枝上发生，侵染树体，先从顶端逐渐向下扩展蔓延到主干上，造成受害枝的叶片变黄脱落，初染病时病部表皮层失绿，呈灰褐色，后变成浅红褐色至深灰色，病部略下陷，干燥时裂开露出木质部，当病斑扩展绕枝干一周时出现枯枝，严重时引致全株死亡。在病死的枝干上产生密集的小粒点，即病原菌的分生孢子盘。湿度大时，在分生孢子盘上涌出大量黑色短柱状分生孢子或在盘口处产生黑色小瘤状凸起。

病原 *Melanconium oblongum* Berk称矩圆黑盘孢，属子囊菌无性型黑盘孢属真菌。有性型为 *Melanconis juglandis* Ell. et Ev. A.H.Graves，称核桃黑盘壳。病枝上的黑色小粒点，即为病原菌的分生孢子盘，初埋生在表皮内，后突破皮层外露。分生孢子梗紧密排列在分生孢子盘中，梗端生分生孢子。分生孢子初色浅，后变成暗褐色，椭圆形单细胞，两端钝圆，有时一端略弯，大小为（10.6～16.5）μm×3.3μm。山核桃枯枝上未见有性世代。该菌在核桃枝皮液中易萌发，20～25℃萌发率高，25℃以下经12～14h达到萌发高峰。菌丝在25～30℃时生长快，高于35℃或低于15℃生长慢。25℃接种潜育期18天。

核桃黑盘孢枝枯病
病枝

核桃黑盘孢枝枯病病
菌分生孢子盘和分生
孢子

传播途径和发病条件 病菌在枝干的病斑内以菌丝体和分生孢子越冬。翌年以分生孢子借风雨及昆虫传播,孢子萌发后从各种伤口或枯枝处侵入皮层、逐渐扩展。发病条件是空气湿度大或雨水多时,遭受冻害、早春长势弱或伤害重的核桃树易发病,栽植密度大,通风透光不良时发病重。在田间4~5月分生孢子传播,该病始发在8月中、下旬,10~11月采收后盛发。

防治方法 (1)以预防为主,以加强栽培措施为基础,结合清除菌源进行综合防治。(2)农业防治:①选用抗病品种。以核桃楸作砧木嫁接的核桃抗病性好。②新建核桃园适地适时合理密植,减少发病。③加强树体管理、增强树势。深翻改土,中耕除草,每年全园耕翻1次,树盘中耕除草2次,增施有机肥,秋季或早春每株成年大树根施腐熟有机肥

50kg+复合肥2.5kg，萌芽和开花期每株追施碳酸氢铵2kg提高抗病力。④树干涂白。涂白剂配方为生石灰12.5kg，食盐1.5kg，植物油0.25kg、硫黄粉0.5kg、水50kg。⑤清洁园内卫生，烧毁病枯枝。⑥不在休眠期修剪，防止伤流。死枝死树剪锯口涂抹波尔多液保护。（3）药剂防治。①病部涂药发病初期用2%五氯酚蒽油胶泥涂抹，每7天涂抹1次，连续涂2～3次，防效明显。②树冠喷药。在发病初期或发病前树冠喷洒50%多菌灵可湿性粉剂600倍液或70%甲基硫菌灵可湿性粉剂500倍液、80%代森锰锌可湿性粉剂300倍液。

核桃可可球色二孢枝枯病

症状 该病常引起核桃枝条枯死，在死枝上生有黑色点状突起，即病原菌的子座。

病原 *Botryodiplodia theobromae* Pat.，称可可球色二孢，属真菌界无性型子囊菌。子座内形成多个球形的分生孢子器，分生孢子椭圆形至卵形，双细胞，褐色，大小（20～30）μm×（10～18）μm。

传播途径和发病条件、防治方法 参见核桃黑盘孢枝枯病。

核桃可可球色二孢枝枯病病枝

核桃球壳孢枝枯病

症状 染病枝变成黄褐色至灰褐色，枝条干枯，并在表面产生颗粒状小突起，后突破表皮而露出灰黑色的小颗粒，即病原菌的分生孢子器。

病原 *Sphaeropsis* sp.，称一种球壳孢，属真菌界无性型子囊菌。载孢体分生孢子器初埋生，后突破枝的表皮外露黑色的分生孢子器，球形，单腔，器内孢子梗细短，无分枝。分生孢子卵形至长圆形，大小为（16～36）μm×（7～10）μm，褐色单胞。

传播途径和发病条件 病原真菌以菌丝体或分生孢子器在病枝上、芽鳞上越冬，翌春遇雨分生孢子器吸水后涌出大量分生孢子，借气流传播，落到新梢上后引起发病。

防治方法 （1）增施有机肥，使核桃园土壤有机质含量达到2%，增强树势，提高抗病力。（2）结合修剪及早剪除病枝梢并集中烧毁，以减少菌源。（3）发病初期喷洒80%波尔多液可湿性粉剂500～600倍液或自己配的1∶2∶200倍式波尔多液、30%戊唑·多菌灵悬浮剂1000倍液。

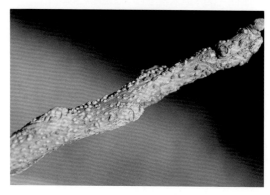

核桃球壳孢枝枯病

核桃腐烂病

核桃腐烂病是核桃主要病害，在我国核桃主产区新疆、辽宁、河南、河北、山东、陕西、山西、甘肃、浙江、云南等省均有发生，主要侵染枝干，造成枝干干枯死亡，轻者感病率为20%，重的达70%，严重影响核桃产量，造成树冠逐年缩小。

症状　主要为害幼树的主干或骨干枝，产生近梭形暗灰色水渍状病变，略肿起，用手按压产生带泡沫的液体，树皮变黑褐色，散发酒糟气味，进入中期产生失水干缩，病部散生很多小黑点，即病原菌的分生孢子器，天气湿度大时分生孢子器内产生橘红色丝状物，又称孢子角。病斑沿树干方向扩展，出现病皮层纵裂，流出黑水，严重时病树枝干死亡。大树染病：

核桃腐烂病病干
（王树桐）

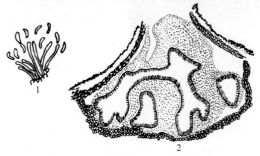

核桃腐烂病病菌
1—分生孢子梗及分生
　　孢子；
2—分生孢子腔

大树主干上发病初生隐藏在韧皮部的白色菌丝层，当皮层产生黑水时，皮下已扩展为较大的病斑，最后病斑处沿树皮裂缝流出黑水干后发亮，好像刷了一层黑漆。枝条染病产生失绿枯枝，皮层上产生小黑点，弱树尤其多。

【病原】 *Cytospora Juglandiccta*（DC.）Sacc. 称核桃壳囊孢，属真菌界无性型真菌。在病枝接近估死时产生黑色小粒点，即病原菌的分生孢子器。分生孢子器埋生在寄主表皮下，有明显长颈，成熟时孔口突破表皮露出橘红色分生孢子角，分生孢子单胞无色，腊肠状，大小（$1.94 \sim 2.9$）$\mu m \times$（$0.39 \sim 0.58$）μm。

【传播途径和发病条件】 该病属弱寄生菌，在病枝上越冬，从伤口侵入，死亡的皮层组织分泌有毒物质杀死四周的活细胞引起发病，病斑逐渐扩展蔓延，病原菌活动及病斑扩展多在4月下旬～5月最盛，直到越冬时才停止。春季产生分生孢子，借风雨、昆虫传播，在田间病原菌可进行多次再侵染。

【防治方法】 对核桃腐烂病的预防要从选用无菌母树入手，尽量采用无菌繁殖，在高接过程中要注意刀具消毒，严防相互传染。（1）新建核桃园要选择良好园址，注意改善土壤条件。（2）改善核桃园生态条件，每年采收后要及时施入有机肥，初果期每树30～50kg，盛果期50～100kg，每年3月中下旬施1次速效氮肥，每株1.5kg，6月中下旬施1次氮、磷复合肥。（3）适当修剪控制负载量。一是疏除雄花，二是疏除幼果，疏果时间在花后20天，留果量以树冠投影面积每平方米约80个果实为宜。（4）保护树干，入冬前树干涂白，涂白剂为水∶生石灰∶食盐∶硫黄粉∶动物油＝100∶30∶2∶1∶1，可降低树皮温差，减少冻害、日灼。开春发芽前在主干和主枝中下部喷2～3波美度石硫合剂。（5）及时刮治病斑，进行治疗。（6）涂药保护。常用药剂有3.315%甲硫•萘乙酸膏剂、5%菌毒清水剂等，也可直接在病斑上敷3～4cm厚的稀泥，超出病斑边缘3～4cm，敷后用塑料纸裹紧即可。

核桃白粉病

症状 叶表面产生白粉层，引起叶片提早脱落。

病原 有两种：*Microsphaera akebiae*（称木通叉丝壳）和*Phyllactinia guttata*（称榛球针壳），均属真菌界子囊菌门。木通叉丝壳闭囊壳球形，黑褐色，直径98～120μm。附属丝5～16根，顶端呈4～6次叉状分枝。闭囊壳内生2～8个子囊，子囊卵形，大小（42～49）μm×（34～35）μm，子囊孢

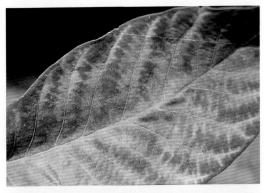

核桃白粉病病叶上的粉状物

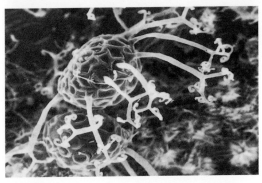

核桃白粉病病菌闭囊壳及附属丝

子4～8个。子囊孢子椭圆形，单胞无色，大小（17～26）μm×（9～15）μm。

传播途径和发病条件 两种白粉菌均以闭囊壳在病落叶上越冬。翌春遇雨放射出子囊孢子，侵染发病后病斑产生大量分生孢子，借气流传播，进行多次再侵染，7～8月进入发病盛期，9月以后该病逐渐停滞下来。春旱年份或管理不善、树势衰弱发病重。

防治方法 参见板栗白粉病。

核桃黑斑病

核桃黑斑病又称核桃黑腐病、"核桃黑"，我国河北、山东、山西、辽宁、河南、江苏、浙江、四川、云南、甘肃的核桃产区均有发生，受害程度逐年加重，部分产区发病很重。据河南安阳调查，普遍受害率为70%～90%，果实受害率为10%～40%，严重时达65%以上，造成果实变黑早落，严重影响核桃果实的产量和品质。甘肃兰州、天水、临夏病果率高达80%。

症状 主要为害叶片、嫩枝、幼果及花器。嫩叶染病产生多角形小褐斑，病斑外围呈水渍状晕圈，在较老叶片上病斑呈圆形，中央灰褐色，边缘褐色，外围产生黄色晕圈，中央灰褐色部分出现穿孔。严重时病斑连片扩大，叶片皱缩枯焦，病部中央变成灰白色，有时穿孔提前脱落。枝梢染病产生细长凹陷黑褐色病变，造成枯枝。果实染病，果面上产生稍凸起油渍状褐色稍软小病斑，后病斑迅速扩大变黑，出现核桃黑，出现早期落果而脱落。嫩梢染病，产生细长、褐色略凹陷病斑，当病斑扩展至绕茎1周时，病斑以上枝条枯死。

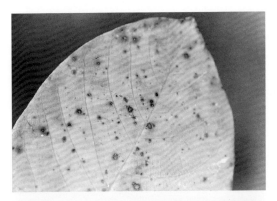

核桃黑斑病病叶

核桃幼果上的黑斑病
（张玉聚）

核桃果实上的黑斑病

病原 *Xanthomonas arboricola* pv. *juglandis*（Pierce）Vauterin et al.，称树生黄单胞菌胡桃变种。属黄单胞菌属。该菌生长发育最适温度为26.7～32.2℃，致死温度为51～52℃持续10min。在干燥条件下可存活10～13天，在枝梢病组织内可存活365天。

传播途径和发病条件 病原菌在核桃枝条、芽孢或茎的老病斑上越冬，翌年春天借风雨、昆虫传播，先使叶片染病，再从叶传到果实及枝条上，每年4～8月发病，生长季节能进行多次再侵染，多借昆虫传播蔓延，气温4～30℃叶片、果实都能发病，潜育期10～15天。

防治方法 （1）选用抗病品种。核桃品种不同，发病轻重不同；晋龙1号、辽核4号、礼品2号、香玲、丰辉、陕核1号、强特勒较抗病。黑核桃抗病性最好。寒丰、拥津26次之。（2）核桃树不宜与李、杏、樱桃等易感病的果树混栽，防其互相传播。（3）加强肥水管理。每年基肥施用时间应在秋季采收后到落叶之前，结合深翻施入腐熟有机肥，施肥量初果期每株30kg，盛果期为每株100～150kg。采用放射状沟施或条状沟施，也可采用撒施后翻。追肥每年3次，第一次在萌芽前；第二次在果实膨长期，第三次在果仁充实期，以增施磷钾肥为主，增强树势，提高抗病力。（4）树干涂白防冻、防病虫害。涂白剂配方为生石灰12kg、食盐1.5kg、植物油250g、硫黄粉500g、水50kg。结合修剪及时剪除病枝、枯枝，不要在休眠期修剪，防止伤流和伤口感染，核桃举肢蛾发生严重核桃园应及时防治，减少伤口。（5）化学防治。核桃生长期要以化学防治为主，林业防治为辅，保护剂和治疗剂结合，适期、周期防治配合施用①喷药保护。在核桃树发芽前喷洒3～5波美度石硫合剂或0.8%波尔多液。也可用硫酸铜：硫酸锌：石灰：水比例为0.4：0.6：4：200的铜锌石灰液防治黑斑病，防效高达90%，已在生产上大面积推广应用。②展叶期防治。展叶后全树喷洒50%溴氰菊酯乳油+50%甲基硫菌灵可湿性粉剂1200倍液，兼治核桃举肢蛾，7天后再喷波尔多液。③幼果期防治。落花后7～10天是该病侵染核桃果实的关键期，应及时喷洒70%甲基硫菌灵可湿性粉剂1000倍液+72%硫酸链霉素可湿性粉剂50mg/L，或50%氯溴异氰尿酸可溶性粉剂1000倍液。④果实膨大后防治可用治疗剂25%多菌灵+25%乙霉威配成50%多霉清可湿性粉剂1200～1500倍液+72%硫酸链霉素可湿性粉剂50mg/L或70%甲基硫菌灵可湿性粉剂1000倍液+72%硫酸链霉素可湿性粉剂50mg/L；提倡在配药时加入磷酸二氢钾等叶面肥，及时补充营养，增强核桃树抗病力。

核桃葡萄座腔菌溃疡病

该病是核桃树上的常见枝干病害，分布在陕西、山西、河北、北京、河南、山东、江苏、湖北、安徽等省。20世纪70年代曾在原安徽亳县大发生，病株率20%～40%，重病区高达70%以上，影响当年产量，削弱树势严重，造成核桃树早衰或死亡。

病原 *Dothiorella gregaria* Sacc. 称聚生小穴壳菌，属真菌界无性型子囊菌。分生孢子器球形，暗色，通常数个聚生在子座内，大小（79～165）μm×（89～132）μm。子座在寄主表皮下，成熟时突破表皮外露。分生孢子梗短，不分枝。分生孢子梭形，单胞，大小（13.1～21.8）μm×（3.3～6.3）μm。有性阶段为葡萄座腔菌 *Botryosphaeria dothidea*（Moug. ex Fr.）Ces. et de Not. 多见于枯死的支干上。子座黑色，有数个子囊腔。子囊孢子椭圆形。分生孢子在13～40℃下均可萌发，萌发适温为25～35℃，最适温度为30℃，萌发要求相对湿度为80%以上。

传播途径和发病条件 病原菌主要以菌丝状态在当年染病的树皮内越冬，翌年4月上旬气温上升到11.4～15.3℃时，菌丝开始生长，该病开始发生，以老病斑复发居多，5月下旬后气温升至28℃，病害进入发病高峰。春季发病迟早与冬季温度高低有关。冬季温度高发病早。病原真菌的分生孢子在6月大量形成，借风雨传播，从伤口侵入，该病潜育期，在15～28℃范围内，从侵入到症状产生需1～2个月，在25～27℃，病害潜育期为29天，发病后产生分生孢子器约需2个月。

核桃葡萄座腔菌溃疡
病发病初期症状

核桃葡萄座腔菌溃疡
病（刘惠珍）

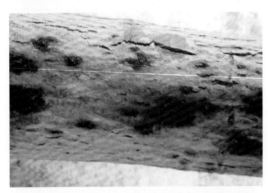

核桃树溃疡病产生的
溃疡斑（王树桐）

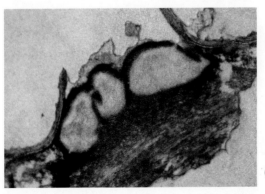

葡萄座腔菌子座切面
（林晓民）

防治方法 对核桃溃疡病应以预防为主，加强栽培管理，结合清除菌源和药剂防治进行综合防治。(1)选用抗病品种——"辽1"比较抗病。(2)改进立地条件，进行科学施肥，增加树体营养物质，及时适量施用矿质肥料或农家肥增强树势，结果树按每株50～75kg，施在树盘内，可有效提高树势，控制溃疡病发生。防止氮肥过多，磷、钾肥配合适当。(3)合理灌水进行春灌秋控，平原地区尤应注重排涝，使其适合生长发育，提高抗病力。(4)合理修剪，调整负载量，及时整枝恢复树势，增强抗病力，又可改变树冠结构，提高光能利用率，增加花芽形成量，为丰产打好基础。结果树据树龄、树势、肥水条件进行疏花疏果，做到负载合理，防止大小年。(5)搞好防寒，防止冻害，及时涂白。涂白剂配方为生石灰5kg、食盐2kg、油0.1kg、豆面0.1kg、水20L。(6)清除菌源。(7)药剂防治。①早春树体萌动前喷洒3～5波美度石硫合剂、5%菌毒清水剂50倍液。②刮除病斑。刮除时树下铺张报纸或塑料薄膜，把刮下的病树皮及早清除集中烧毁。提倡把病斑纵横深划几道口子后涂刷3～5波美度石硫合剂或3.315%甲硫·萘乙酸、硫酸铜液或10%碱水等。③5～6月发病期全园喷洒50%多菌灵可湿性粉剂600倍液或70%甲基硫菌灵800倍液。

核桃裂褶菌木腐病

症状 病原真菌寄生在大枝或树干上，造成受害株树皮腐朽脱落或露出木质部，病菌向四周健康部位扩展产生长条状大型溃疡，后期在病部生出覆瓦状灰白色子实体，受害处变成白色腐朽，受害面积大，受害严重的常致整树干枯而死。

病原 *Schizophyllum commune*，称裂褶菌，属真菌界担

核桃裂褶菌木腐病

子菌门。子实体覆瓦状，菌盖6～42mm，白色至灰白色，扇状，边缘内卷。菌褶从基部辐射状伸出，窄，白色，有时淡紫色，沿边缘纵裂反卷。担孢子光滑无色，圆柱形，生在阔叶树或针叶树的腐木上。

传播途径和发病条件 该菌在干燥气候条件下菌褶向内卷曲，子实体收缩，经长期干燥后遇有降雨，其表面绒毛快速吸水恢复活性，数小时后就可释放担孢子进行传播扩展。

防治方法 （1）加强核桃园管理，采用配方施肥技术，增强抗病力十分重要。（2）发现树上长出子实体后，应马上刮除，集中深埋或烧毁。病部涂30%乙蒜素乳油40倍液或2.12%腐殖酸·铜，每平方米用药200～300g，用本药不用稀释，直接涂抹，但用前要摇匀，仅限于树体枝干部位。

核桃小斑病和轮斑病

症状 核桃小斑病主要为害叶片，初在叶片上产生褪绿小斑点，后扩散成圆形至椭圆形褐色病斑，边缘深褐色稍隆起，中央灰白色，多分布在较大叶脉间，大小1～2mm，一张叶片上常生100～500个小病斑，严重时叶片外卷，提早枯死。

核桃轮斑病叶片染病后病斑散生在叶片边缘呈半圆形，发生在叶中部的病斑略呈圆形或近圆形，无光泽，有深浅交错的明显同心轮纹，病斑背面产生黑色霉丝，后期多个病斑融合成不规则形大斑，发病重的致叶片变黄焦枯、卷缩。

病原 *Alternaria* sp.，称一种链格孢，属真菌界无性型子囊菌。

传播途径和发病条件 病原菌在病部或芽鳞内越冬，借风雨或昆虫传播，强风大雨利其流行，树势弱通风透光不良易发病。雨日多发病重。

核桃小斑病
（张炳炎）

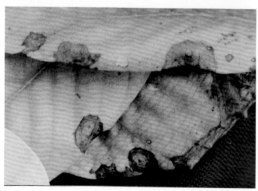

核桃轮斑病
（张炳炎摄）

防治方法 （1）增强树势是关键，不要栽植过密，施足基肥，合理适时浇水追肥，提高抗病力。（2）及时清除病残体，集中烧毁。（3）发病初期喷洒50%异菌脲可湿性粉剂1000倍液或40%百菌清悬浮剂600倍液、50%福·异菌可湿性粉剂800倍液。

核桃链格孢叶斑病

症状 主要为害叶片，叶上或叶片边缘产生近圆形至不规则形褐色病斑，直径5～10mm，正面病健交界处清晰，但背面病斑边缘不清晰，黑色霉层发生在叶背。发生严重时多个病斑融合成不规则形大片褐斑，造成叶片卷曲或提早脱落。

病原 *Alternaria* sp.，称一种链格孢，属真菌界无性型子囊菌。分生孢子倒棒状，褐色，喙孢较短，有纵横隔膜，镜检时除大量链格孢外，还检测到芽枝霉菌的分生孢子。

传播途径和发病条件 病原真菌在病组织里或芽鳞内越冬，借风雨或昆虫传播，雨日多、缺肥、树势衰弱或通风不良易发病。

核桃链格孢叶斑病

防治方法 （1）增施有机肥，使核桃园土壤有机质达到2%以上，增强树势，提高抗病力，可减少该病发生。（2）发芽前喷洒77%氢氧化铜水分散粒剂600倍液或50%异菌脲悬浮剂1000倍液或50%腐霉利可湿性粉剂1200倍液。

核桃灰斑病

症状 主要为害叶片，初发病时叶片上产生暗褐色圆形至近圆形病斑，干燥后病斑中央灰白色，边缘暗褐色，后期病斑上产生黑色小粒点，即病原菌的分生孢子器。病情严重时多斑融合致叶片焦枯脱落。8～9月盛发。

病原 *Phyllosticta juglandis*，称胡桃叶点霉，属真菌界无性型子囊菌。分生孢子器散生在叶面，初埋生后突破表皮外露，褐色，器球形，直径70～105μm，高55～95μm，器壁膜质，褐色，由数层细胞组成。壁厚8～10μm，形成瓶形产孢细胞，上生分生孢子。分生孢子卵圆形，单胞无色，大小（5～7）μm×（2～3.5）μm，有时现2个油球。

传播途径和发病条件 病原菌以分生孢子器在病部或病落叶上越冬，翌年春天雨后分生孢子器吸水涌出大量分生孢子

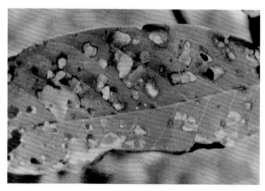

核桃灰斑病（张炳炎）

借风雨传播，进行初侵染和多次再侵染，雨日多的年份易发病。

防治方法 （1）及时清除病落叶，集中深埋或烧毁，以减少初侵染源。（2）发病前或发病初期结合防治其他病害喷洒80%锰锌·多菌灵可湿性粉剂1000倍液或70%硫黄·甲硫灵可湿性粉剂900倍液。

核桃角斑病

症状 主要为害叶片。发病初期叶面现浅褐色至褐色圆形小斑，后逐渐扩展成多角形，最后变成褐色或灰色，其表面现黑褐色或黑色小粒点，即病原菌的分生孢子丛。病斑表面有时呈斑纹状。

病原 *Cercospora eriobotryae*，称枇杷褐斑尾孢霉，属真菌界无性型子囊菌。此菌发育到一定阶段时，由部分菌丝体集结在寄主表皮下，形成菌丝块。菌丝上长出分生孢子梗，直立，单胞，浅褐色，老熟时略弯曲，有1～5个隔膜。分生孢子无色，鞭状，有3～8个隔膜。

传播途径和发病条件 病菌以菌丝块、分生孢子梗及分生孢子在病叶上或随病落叶进入土壤中越冬，翌年春天分生孢

核桃角斑病初现褐色
圆形至多角形病斑

子借风雨传播进行初侵染和多次再侵染，雨日多发病重。

防治方法 （1）加强核桃园管理，增施有机肥使土壤有机质达到2%，增强树势，提高抗病力。（2）进入雨季于发病初期喷洒50%多菌灵悬浮剂600倍液或50%硫黄·多菌灵可湿性粉剂或悬浮剂800倍液、70%硫黄·甲硫灵可湿性粉剂900倍液、75%二氰醌可湿性粉剂700～800倍液。

核桃树褐色膏药病

症状 主要为害枝干。初在树干或大枝上产生椭圆形至不规则形褐色至灰褐色膏药状病疤，即病原菌的子实体。子实层平铺在枝干上，周围现狭灰白色边，外观似丝绒状，衰老后常龟裂或剥落，发病轻的影响核桃树生长发育，重时引致枝枯。

病原 *Septobasidium bogoriense*，称茂物隔担耳菌，属真菌界担子菌门。子实体灰色常略带紫色，子实层平坦，原担子球形至卵形。

传播途径和发病条件 病菌以菌丝体在病枝干上越冬，

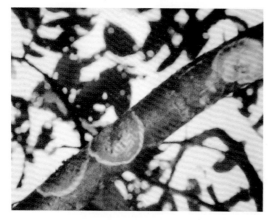

核桃树褐色膏药病
（张炳炎）

翌春菌丝生长产生子实层，长出担孢子，借风雨或介壳虫爬行传播，介壳虫多时发病重，荫蔽潮湿，排水不良，管理粗放、生长势弱的核桃园发病重。

防治方法 （1）适时适度疏枝修剪，使其通风透光良好，湿度降低，减轻该病发生。剪除的小枝、锯下的大枝、扫除的病落叶集中烧毁或深埋，以减少菌源。（2）秋季发病部位涂抹45%石硫合剂结晶30倍液或喷洒50%甲基硫菌灵悬浮剂600倍液、50%腐霉利可湿性粉剂1200倍液、70%硫黄·甲硫灵可湿性粉剂800倍液。

核桃仁霉烂病

症状 核桃果实染病后，外壳症状不明显，切开核桃皮后，可见核桃仁干瘪，局部变褐或变黑，表面生出一层粉红色或青绿色或灰黑色霉层，造成果肉变质，常有苦味或霉酸味，无法食用。

病原 *Fusarium* sp.（称一种镰刀菌）、*Penicillium* sp.（称一种青霉）、*Xanthomonas* sp.（称一种细菌）侵染引起。

传播途径和发病条件、防治方法 参见栗仁斑点病。

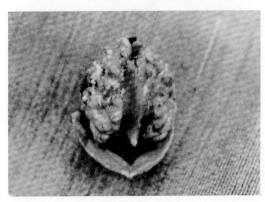

核桃仁霉烂病
（张炳炎）

核桃毛毡病

症状 又称核桃丛毛病、疥子、痂疤。主要为害核桃叶片。发病初期叶面散生或集生不规则状苍白色至浅色小圆斑，大小1mm左右，后病斑逐渐扩展变大，病斑颜色逐渐变深，多呈圆形至不规则形，毛毡状；叶背面对应处现浅黄褐色细毛丛，严重时病叶干枯脱落。河北、辽宁、吉林均有分布。

病原 *Eriophyes* sp.，称一种瘿螨，属节肢动物门、蛛形纲、瘿螨目。

传播途径和发病条件 该瘿螨秋末潜入芽鳞内越冬，翌年温度适宜时潜出危害。通过潜伏在叶背面凹陷处之绒毛丛中隐蔽活动，在高温干燥条件下，繁殖较快，活动能力也较强。河北7月上旬～9月中下旬发生较多。

防治方法 （1）加强管理，及时剪除有螨枝条和叶片，集中烧毁或深埋。（2）药剂防治。芽萌动前，对发病较重的林木喷洒45%石硫合剂结晶30倍液及24%螺螨酯悬浮剂3000倍液。发病期，6月初～8月中下旬，每15天喷洒1次45%石硫合剂结晶300倍液或喷洒50%硫黄粉悬浮剂200倍液，共喷3～4次。

核桃毛毡病

核桃树春季易抽条

症状　幼龄果树在冬末春初常因脱水发生皱皮或干枯即"抽条"现象，发生抽条后，轻者生长不良，树形紊乱，推迟结果，重者整株死亡。抽条是一种生理干旱现象，这在北方大多数果树上都易发生，而核桃树因其组织不充实，抽条尤其严重，尤其是核桃幼树。

病因　造成核桃树抽条的原因有二：一是核桃树生长前期干旱缺雨，枝条生长缓慢，进入雨季新梢生长加快，致新梢生长不充分，越冬能力差，造成早春抽条。二是早春冻土层尚未解除时，土壤温度、湿度都很低，可利用的水很少，而气温回升较快，再加上早春多风，树体蒸腾水分大于根系吸水，导致树体水分平衡失调，而引起生理干旱，产生抽条。

防治方法　（1）适时灌水与控水。田间持水量60%～80%最有利于核桃树生长，若土壤水分不足应适时灌水，进入雨季则要及时排水，避免因涝灾造成核桃树烂根和落果。核桃树新梢结束生长要到9月下旬～10月上旬，因此，秋季应严格控水，使土壤适当干旱，促进枝条木质化，以增强其越冬能力。土壤封冻前则要灌足封冻水，由于树体储存大量水分，从而减缓冬季水分的蒸腾。早春2月下旬～3月上旬灌水，可提高土壤湿度，同时水分放出潜热，促进土壤提前解冻，利于根系活动吸收水分，及时补充树体内水分的亏缺，防止抽条的发生。（2）合理施肥。核桃树生长前期多施肥水，可促进枝叶生长茂盛，为积累营养物质打下基础，后期则应增施磷、钾肥，促进组织充实。秋季施肥以腐熟的有机肥为主，6月以前以追施磷、钾肥为主，并配合施少量的氮肥，8月后可叶面喷施0.2%～0.3%的磷酸二氢钾溶液，并加15%多效唑500倍液，每隔10天喷1次，连喷2～3次，以促进枝条提早停止生长，提高木质化程度，促进组织充实，减少抽条现象的发生。（3）科学修剪。修剪跟不上，摘心、抹梢等控梢技术不合理，易导致树体春季抽条。果农可在4月及时抹除多余的芽枝，减少养分消耗；5～6月对枝条进行摘心，以增加枝条的粗度，积累养分；9月初对旺长的核桃树枝条进行摘心，可防枝条徒长，增强树体抗性。

那么核桃树发生抽条后，果农应如何补救以减少损失呢？首先，剪掉不能发芽的枯枝，保护好发芽枝条，并加强水肥管理，促使植株发芽，促其健壮生长。其次，对于活下来的枝条，应减少结果量，促进其长势恢复，增强其抗逆能力。

4. 核桃害虫

核桃举肢蛾

学名 *Atrijuglans hetaohei* Yang，属鳞翅目、举肢蛾科。别名：核桃黑。分布于山西、河北、山东、河南、陕西、四川、贵州。

寄主 核桃。

为害特点 幼虫蛀入果实后蛀孔现水珠，幼虫在表皮内纵横窜食为害，虫道内出现虫粪，1个果内常有幼虫多条，造成果皮变黑凹陷、皱缩变成黑核桃，有的果皮上产生片状或条状黑斑，核桃仁发育不良，早期钻入的幼虫有的蛀害果仁，有的蛀害果柄破坏维管束，造成早期落果，有的全果变黑干缩在枝条上。

形态特征 成虫：体长4～7mm，翅展12～15mm。黑褐色有光泽，腹面银白色。翅狭长披针状，缘毛长；前翅端部

核桃举肢蛾成虫

1/3处有1半月形白斑，后缘基部1/3处有1长圆白斑。后足长，栖息时向后侧上方举起，故名举肢蛾。胫节白色，中部和端部有黑色长毛束。卵：椭圆形，初产乳白色渐变黄白色，孵化前为红褐色。幼虫：体长7.5～9mm，头黄褐色至暗褐色，胴部淡黄褐色，背面微红，前胸盾和胸足黄褐色。腹足趾钩单序环。蛹：长4～7mm，黄褐至褐色。茧：长8～10mm，长椭圆形。

[生活习性] 河北、山西年生1代，北京、陕西1～2代，河南2代，均以老熟幼虫于树冠下土中或杂草中结茧越冬，少数可在干基皮缝中越冬。1代区翌年6月上旬～7月下旬越冬幼虫化蛹，蛹期7天左右，6月下旬～7月上旬为越冬代成虫盛发期，6月中、下旬幼虫开始为害，30～45天老熟脱果入土越冬，脱果期7月中旬～9月。2代区成虫分别发生在5月中旬～7月中旬、7月上旬～9月上旬。成虫昼伏夜出，卵多散产于两果相接的缝隙处，少数产于梗洼、萼洼、叶腋或叶上。单雌产卵35～40粒。卵期约5天，幼虫蛀果后，被害果渐变琥珀色。1代区被害果最后变黑，故称"核桃黑"。2代区第一代幼虫多害果壳和种仁，为害状不明显，但被害果多脱落，第2代幼虫多于青皮内蛀食，被害处变黑很少落果。

[防治方法] （1）冬春耕翻树盘时细心从事，消灭土中的蛹。（2）7月上旬上树摘除受害果集中处理。（3）成虫羽化出土前树下喷洒5%氯虫苯甲酰胺悬浮剂1000倍液，浅锄或盖薄层土。（4）5月下旬～6月上旬和6月中旬～7月上旬是两个防治关键期，喷洒20%氰戊菊酯或2.5%溴氰菊酯乳油2000倍液。

鞍象甲

[学名] *Neomyllocerus hedini*（Marshall），属鞘翅目、象

鞍象甲成虫

甲科。别名：核桃鞍象。分布于四川、贵州、湖南、湖北、广东、广西、江西、陕西等地。

寄主 核桃、龙眼、荔枝、芒果、火棘、苹果、梨、桃、大豆、棉花等。尤喜为害核桃。

为害特点 喜食转绿前的嫩叶，成虫咬食叶肉，残留叶表皮成网状，严重时把叶片吃光。

形态特征 成虫：雌体长5.5～6mm，肩宽1.5～1.7mm，雄体长3.5～4.4mm，肩宽1.3～1.4mm，体表被黄绿色鳞片。触角细长9节，柄节较长，前胸长筒形，鞘翅上具10条纵行的刻点沟，刻点密，行间扁平，各有1行稀疏柔软直立的灰白色长毛。足细长，黑色至暗褐色，被覆灰白色毛状鳞片。卵：长0.2～0.3mm，乳白色。末龄幼虫：体长4～6mm，全体乳白色，头部黄褐至茶褐色。蛹：长3.5～5.5mm，短胖，乳白色，体上有稀疏刚毛。

生活习性 年生1代。少数2年完成1代，以幼虫在地表6～13cm土层内筑椭圆形蛹室越冬。翌年春季广东于3月下旬～7月中旬发生，广西于4月下旬～7月上旬发生，四川于5月上旬～7月下旬发生，云南发生在5月下旬～7月中旬，湖北发生在9月中旬。据四川观察，3月底～4月初化蛹，蛹期

20～30天，羽化后成虫于5月上旬出土活动，6～7月进入成虫为害盛期。

防治方法（1）冬季翻松园土，杀死部分越冬幼虫。（2）成虫大量出土为害期喷洒24%氰氟虫腙悬浮剂1000倍液或20%氰戊菊酯乳油1500倍液、90%敌百虫可溶性粉剂900倍液加0.2%洗衣粉，隔10～15天1次，连续防治2～3次。

核桃长足象

学名 *Alcidodes juglans* Chao，属鞘翅目、象甲科。别名：核桃果象甲。分布于陕西、四川核桃产区。

寄主 核桃。

为害特点 以成虫为害果实和幼芽、嫩枝及幼果皮，幼虫为害果实尤重，成虫把卵产在果内，幼虫在果内取食种仁，果实未长大就脱落，受害轻的落果20%左右，严重时大幅减产或绝收。

形态特征 成虫：体长9.5～12mm，长圆形，黑色，头部喙管长，端部粗且弯，雄虫喙管短，触角生在喙端1/3处，雌成虫喙管较长，触角生在喙的中央。鞘翅上具10条粗刻点和纵隆起条纹，肩角突出，翅端各生1个三角形凹陷。卵：长椭

核桃长足象幼虫和成虫（张炳炎）

圆形。末龄幼虫：体长12mm，乳白色，头部黄褐色，体弯曲。蛹：长13mm，胸、腹背面散生许多小刺。

生活习性 每年1代，以成虫在杂草丛或表土内越冬，湖北翌年4月中、下旬成虫开始取食嫩梢、嫩叶及幼果皮。5月初开始产卵，每果1粒，卵期10天左右，5月中旬幼虫孵化，5月下旬虫果开始脱落，幼虫随落地果继续为害种仁直至化蛹。幼虫期50天，6月中旬为化蛹盛期，6月下旬进入羽化盛期，把果皮咬1孔爬出果外，停留几小时再飞到树上取食叶梢，直至越冬。

防治方法 （1）成虫发生盛期于清早或傍晚摇树振落捕杀成虫。刮除根颈部粗皮，摘除受害果，捡拾病虫落果，及时深埋。（2）在越冬成虫始见、幼虫孵化时，喷洒每毫升含2亿个孢子的白僵菌菌液或35%辛硫磷微胶囊剂900～1000倍液或24%氰氟虫腙悬浮剂1000倍液，也可在成虫发生初期选雨后树冠下喷洒40%辛硫磷乳油350倍液处理地表。

核桃缀叶螟

学名 *Locastra muscosalis* Walker，属鳞翅目、螟蛾科。别名：木檫黏虫、核桃毛虫。分布于河北、山东、山西、河南、陕西、江苏、安徽、浙江、广东、广西、湖南、湖北、四川、福建、贵州、云南等地。

寄主 核桃、木檫。

为害特点 幼虫食叶成缺刻或孔洞，严重时食光叶片。

形态特征 成虫：体长14～20mm，翅展35～50mm，全体黄褐色。前翅色深，稍带淡红褐色，有明显的黑褐色内横线及曲折的外横线，横线两侧靠近前缘处各有黑褐色斑点1个，外缘翅脉间各有黑褐色小斑点1个。前翅前缘中部有一

核桃缀叶螟成虫和
幼虫

黄褐色斑点。后翅灰褐色，越接近外缘颜色越深。卵：球形，密集排列成鱼鳞状卵块，每块有卵约200粒。末龄幼虫：体长20～30mm，背中线杏黄色较宽，亚背线、气门上线黑色，体侧各节生黄白色斑。蛹：长16mm左右，深褐色。茧：长20mm左右，硬。

【生活习性】　年生1代，以老熟幼虫在根四周1m直径内土中10cm处结茧越冬。翌年6月中旬～8月上旬越冬代幼虫进入化蛹期，蛹期10～20天。6月下旬～9月上旬成虫开始羽化，交尾后把卵产在叶面。7月上旬～8月上中旬进入幼虫孵化期，初孵幼虫群集在叶面上吐丝结网，舔食叶肉，2～3龄后常分成几群为害，常把叶片缠卷成1团，4龄后多分散活动，1只幼虫缠卷1复叶上3～4张叶子。白天静伏在卷筒中，夜间为害，进入8月中旬后，老熟幼虫下树入土做茧越冬。

【防治方法】　（1）发现虫苞及时摘除并集中烧毁。（2）该虫越冬茧多集中在树冠下，可在封冻前或春季解冻后挖茧，集中烧毁。（3）7月中、下旬幼虫3龄前，及时喷洒30%茚虫威水分散粒剂1500倍液或50%敌敌畏乳油1000倍液。

核桃尺蠖

Culcula panterinaria Bremer et Grey，属鳞翅目、尺蛾科。别名：木蟓尺蛾、洋槐尺蠖、木蟓步曲、吊死鬼、小大头虫。河北、北京果农称其为"棍虫"。分布：北起辽宁、内蒙古，南至广东、海南、广西、台湾、云南，东邻滨海，西至陕西、甘肃，折入四川。

寄主 核桃、苹果、梨、杏、桃、葡萄、山楂、柿、柳、杂草等150余种植物。

为害特点 幼虫食叶成缺刻或孔洞，严重的把整枝叶片吃光，影响光合作用，降低质量。局部地区发生严重。长江、

核桃尺蠖成虫
（冯玉增）

核桃尺蠖幼虫

淮河以北密度较大。过去河北、河南、山西、北京核桃树叶经常被吃光。该虫以低龄幼虫啃食叶肉，残留表皮呈白膜状，稍大咬成缺刻或孔洞，严重时把叶片吃光，大发生时几天内即可吃光全树的叶片。山西、河北、河南1年发生1代，以蛹在树干周围3cm深处土中越冬。翌年5月上旬，均温25℃越冬蛹开始羽化，7月中、下旬为羽化盛期，8月底结束，成虫羽化后即交尾，1～2天后产卵，每雌产卵1500粒，多者3000粒，卵期9～10天，7月上旬幼虫盛孵期，初孵幼虫先爬到近处叶上啃食叶肉成网状或孔洞，受惊扰吐丝下垂，随风扩散，幼虫2龄后分散取食，随虫龄增大危害愈加剧烈，幼虫期40天，进入8月中旬幼虫陆续老熟，爬到越冬场所化蛹越冬。

防治方法 （1）在成虫发生期晚上烧堆火或安装黑光灯或频振式杀虫灯诱杀成虫。（2）早秋或早春结合整地修台堰等在树盘中人工挖蛹，集中杀灭。（3）幼虫发生盛期在树下喷30%茚虫威水分散粒剂1500倍液或5%吡·高氯乳油1500～2000倍液。

春尺蠖

学名 *Apocheima cinerarius* Erschoff，属鳞翅目、尺蠖蛾科。别名：沙枣尺蠖、桑灰尺蠖、榆尺蠖、柳尺蠖等。分布在新疆、甘肃、宁夏、内蒙古、陕西、河南、山东、河北、青海、四川等地。

寄主 沙枣、核桃、苹果、梨、桑、榆、杨、柳、槐、胡杨；缺少食料的情况下，还可为害麦类、玉米、绿肥等。此虫是西北地区重要果树害虫。

为害特点 幼虫食害芽、叶，严重时把芽、叶吃光。

形态特征 成虫：雌蛾体长9～16mm，灰褐色，无翅，

春尺蠖雌成虫

春尺蠖幼虫

腹部各节背面具棕黑色横行刺列。雄蛾体长10～14mm，翅展29～39mm，腹部背面也有棕黑色横行刺列。卵：长1mm，椭圆形，初灰绿色，后转为黄褐色，孵化前变为黑紫色，卵壳上具刻纹。末龄幼虫：体长约35mm。体色常随寄主植物略有变化，食桑的色较深，呈黄绿色至墨绿色。蛹：长8～18mm，棕褐色，臀棘刺状，其末端分为2叉。

【生活习性】 年生1代，以蛹在土中越冬。新疆于翌年2月下旬～4月中旬羽化，3月中、下旬进入产卵高峰期，3月下旬～4月中旬进入幼虫期，4月中、下旬是该虫暴食期，4月下旬幼虫入土化蛹，5月10日进入化蛹盛期。胡杨林是春尺蠖发生和蔓延的基地，盐碱地果园受害重。其天敌有麻雀等鸟类。

防治方法 （1）加强果园管理，及时翻耕树干四周的土壤，杀灭在土中越夏或越冬的蛹。（2）阻杀成虫，利用成虫羽化出土后沿树干向上爬产卵的习性，把小麦或玉米等秸秆切成30～40cm长，捆扎在果树主干四周，厚5～8cm，诱集成虫钻入产卵，每日打开捕杀成虫，并在卵尚未孵化前把草束集中烧掉。也可用废报纸绕树干围成倒喇叭口状，把成虫阻于其内，每天早晨捕杀一次。（3）该虫是一种暴食性害虫，大发生时马上喷洒90%敌百虫可溶性粉剂800倍液或80%敌敌畏乳油1000倍液、5%氟铃脲乳油1500倍液、24%氰氟虫腙悬浮剂1000倍液、30%茚虫威水分散粒剂1500倍液。

核桃园日本木蠹蛾

学名 *Holcocerus japonicus* Gaede，属鳞翅目、木蠹蛾科。除西北、东北少数地区外，大部分地区都有分布。

寄主 主要为害核桃及多种林木的枝干。

为害特点 以幼虫蛀害枝干韧皮部，在韧皮部与木质部之间蛀成不规则蛀道，粪便、木屑从排粪孔排出，造成树势

核桃园日本木蠹蛾
幼虫

衰弱。

形态特征 成虫：体长26mm，翅展36～75mm，前翅顶角圆钝，基半部深灰色，仅前缘生短黑线纹，端半部灰黑色，后翅黑灰色。卵：椭圆形，表面有网纹。幼虫：扁圆筒形，粗壮，末龄体长65mm，头黑色，前胸背板生1整块黑斑，上生4条乳白色线纹从前缘插入，黑斑中央有1条黄白线，中胸背板有3块黑褐色斑，后胸背板有4块黑褐色斑，呈八字形，腹背部深红色，腹面黄白色。蛹：长17～38mm，黑色。

生活习性 河北、山东2年发生1代，跨3个年度，以幼虫在树干蛀道里越冬。成虫期为第1年的5月下旬～9月上旬，成虫趋光性强。卵单产或成堆产在树皮缝内，幼虫在韧皮部为害，11月上旬在蛀道内越冬。翌年幼虫继续为害并越冬。第3年幼虫为害至5月化蛹，蛹期14～52天，成虫羽化后，蛹壳半露在树干排粪孔处。

防治方法 （1）发现该虫为害小枝，要及时剪除销毁，大枝或主干受害可用铁丝刺杀幼虫或蛹。（2）向有新鲜虫类的蛀道内插入蘸有80%敌敌畏乳油100倍液的棉签毒杀幼虫，再用黏土封孔。

云斑天牛

学名 *Batocera horsfieldi*（Hope），属鞘翅目、天牛科。别名：多斑白条天牛、核桃天牛等。分布于河北、山东、山西、河南、陕西、江苏、浙江、福建、安徽、湖北、江西、湖南、广东、广西、四川、贵州、云南、台湾。

寄主 核桃、栗、无花果、苹果、山楂、梨、枇杷等。

为害特点 成虫食叶和嫩枝皮；幼虫蛀食枝干皮层和木质部，削弱树势，重者枯死。

核桃云斑天牛成虫

形态特征 成虫：体长57～97mm，宽17～22mm，黑褐色，密布灰青色或黄色绒毛。前胸背板中央具肾状白色毛斑1对，横列，小盾片舌状，覆白色绒毛。鞘翅基部1/4处密布黑色颗粒，翅面上具不规则白色云状毛斑，略呈2～3纵行。体腹面两侧从复眼后到腹末具白色纵带1条。卵：长7～9mm，长椭圆形，略弯曲，白至土褐色。幼虫：体长74～100mm，稍扁，乳白色至黄白色。头稍扁平，深褐色，长方形，1/2缩入前胸，外露部分近黑色，唇基黄褐色。前胸背板近方形，橙黄色，中后部两侧各具纵凹1条，前部布有细密刻点，中、后部具暗褐色颗粒状突起，背板两侧白色，上具橙黄色半月形斑1个。后胸和第1～7腹节背、腹面具步泡突。蛹：长40～90mm，初乳白色，后变黄褐色。

生活习性 2～3年1代，以成虫或幼虫在蛀道中越冬。越冬成虫于5～6月间咬羽化孔钻出树干，经10多天取食，开始交配产卵，卵多产在树干或斜枝下面，尤以距地面2m内的枝干着卵多，一般周长15～20cm粗枝均可落卵。产卵时先在枝干上咬1椭圆形蚕豆粒大小的产卵刻槽，产1粒卵后，再把刻槽四周的树皮咬成细木屑堵住产卵口。成虫寿命1个月左右，每雌产卵20～40粒，卵期10～15天，6月中旬进入孵化盛期，初孵幼虫把皮层蛀成三角形蛀道，木屑和粪便从蛀孔排出，致树皮外胀纵裂，是识别云斑天牛为害的重要特征。后蛀入木质部，钻蛀方向不定，在粗大枝干里多斜向上方蛀，在细枝内则横向蛀至髓部再向下蛀，隔一定距离向外蛀1通气排粪孔，咬下的木屑和排出的粪便先置于体后，积累到一定数量便推出孔外，幼虫活动范围的隧道里基本无木屑和虫粪，其余部分充满木屑和粪便。深秋时节，蛀1休眠室休眠越冬，翌年4月继续活动，8～9月老熟幼虫在肾状蛹室里化蛹。蛹期20～30天，羽化后越冬于蛹室内，第3年5～6月才出树。3年1代者，第4年5～6月成虫出树。

防治方法 （1）及时剪除有虫枝条，成虫产卵前捕杀成虫。（2）药剂防治。①产卵后经常检查，发现产卵刻槽，用80%敌敌畏乳油10～20倍液涂抹卵及幼虫。②药剂触杀成虫。用5%吡·高氯微胶囊水悬浮剂1800倍液喷在核桃树的枝干上，当天牛成虫爬行或取食时触破微胶囊而中毒死亡，经济高效。

黄须球小蠹

学名 *Sphaerotrypes coimbatorensis* Stebbing，属鞘翅目、小蠹科，别名：小蠹虫。分布在山西、安徽、陕西、河南、河北、湖南、四川等地。

寄主 核桃。

为害特点 以成虫为害新梢，幼虫啃食核桃幼芽，虫道似"非"字形，易与核桃吉丁虫、举肢蛾混合为害，每只成虫食害顶芽3～5个，造成枝梢及芽提早枯死，尤其是长势差的核桃树受害更重。影响核桃开花结果，是一种致命性影响产量的大害虫。

黄须球小蠹成虫放大
（张炳炎）

形态特征 成虫：体长2.5～3.3mm，成虫椭圆形，羽化1天后黑褐色。触角膝状，端部膨大呈锤状。头胸交接处两侧各生1丛三角形黄色绒毛，头、胸、腹各节下部生有黄色短毛。前胸背板略隆起。鞘翅上生有8～10条由点刻组成的纵沟。卵：长1mm，短椭圆形。末龄幼虫：体长3mm，椭圆形，乳白色，头小，无足，背部隆起。蛹：略呈椭圆形，渐变成褐色。

生活习性 年生1代，以成虫在顶芽内、侧芽基部蛀孔处越冬，翌春4月上旬开始为害半枯死枝条上的芽基，4月下旬与雄成虫交配后，雌虫边蛀食母坑道，边把卵产在母坑道两翼，5月下旬产完卵之后，雄虫到当年生新梢基部为害，不久死去。下1代7月上、中旬进入羽化盛期，每雌产卵25～30粒，卵期10天，幼虫孵出后在皮下取食，渐入木质部，幼虫老熟后在坑道前端化蛹，蛹期7天，羽化后成虫停留6～7天出枝为害或越冬。

防治方法 （1）秋末采收后至落叶之前修剪时把有虫枝剪除后集中烧毁，以灭卵。（2）核桃发芽后，在树上成束悬挂半干枝条3～5束，诱成虫产卵，成虫羽化前把半干枝条取回烧毁。（3）6～7月结合防治核桃举肢蛾、瘤蛾、刺蛾，喷洒2.5%溴氰菊酯乳油2000倍液，隔10～15天1次。

核桃扁叶甲

学名 *Gastrolina depressa thoracica*（Baly），属鞘翅目、叶甲科。别名：核桃叶甲、金花虫。各核桃产区均有发生。

寄主 核桃。

为害特点 以成虫、幼虫群聚在一起咬食叶片成缺刻或网状，严重时把叶片吃光，残留主脉，似火烧状，造成树势大减或枯死。

形态特征 成虫：体长5～8mm，宽3.5mm，体扁平略呈长方形，青蓝色或蓝黑色。前胸背板浅棕黄色，点刻不明显，两侧黄褐色，点刻也粗。鞘翅上刻点粗大，纵列在翅面上，具纵行棱纹。卵：黄绿色。幼虫：体长10mm，体黑色，胸部第1节浅红色，以下各节浅黑色，多数体节沿气门上线有黑瘤突。蛹：墨黑色，胸部有灰白纹。

生活习性 年生1代，以成虫在地面覆盖物或树干基部树皮缝中越冬。华北地区成虫在5月上旬开始活动，云南一带在每年的4月上、中旬上树为害叶片，并把卵产在叶背，幼虫孵化后群聚叶背为害，5～6月成虫、幼虫同时为害。

防治方法 （1）冬春两季刮除树干下部树皮，集中烧毁，

核桃扁叶甲成虫

消灭越冬成虫。（2）4～5月成虫上树时，安装黑光灯诱杀成虫。（3）4～6月成虫、幼虫为害时喷洒10%高渗烟碱水剂1000倍液或10%氯氰菊酯乳油1500倍液、4%啶虫脒可湿性粉剂1500～2000倍液。

核桃瘤蛾

学名 *Nola distributa*（Walker），属鳞翅目、瘤蛾科。别名：核桃小毛虫。分布在河北、河南、山西、山东、陕西等地。

寄主 为害核桃、石榴。

为害特点 以幼虫咬食核桃和叶片，低龄幼虫食叶肉留下网状叶脉，大幼虫可把叶片食成缺刻或孔洞，严重时常把叶片吃光，出现二次发芽，造成树势衰弱或翌年枝条枯死。

形态特征 成虫：体长8～11mm，翅展19～24mm，雄虫稍小，灰褐色。雌成虫触角丝状，雄虫羽状。前翅基部、中部生3个隆起的鳞毛丛，前缘生1个近三角形褐色斑，前缘至后缘具3条深褐色鳞片组成的波状纹。后翅灰色。幼虫：黄褐色，中后胸背各具4个黄白色瘤状物，后胸背上生1个白色

核桃瘤蛾幼虫放大

"十"字线，腹背各节及两侧也生毛瘤，上具短毛丛。末龄幼虫：体长12～15mm，背面棕褐色，体扁，中后胸背面各具4个毛瘤，2个较大的毛瘤着生短毛，2个较小的毛瘤着生较长的毛。

生活习性 年生2代，95%的蛹在石堰缝中越冬。成虫趋光性强，成虫喜在前半夜活动，羽化后2天产卵，卵期4～5天，卵散产在叶背。越冬代成虫在5月下旬～7月中旬羽化，6月上旬是羽化盛期。第1代成虫羽化期为7月中旬～9月上旬，盛期在7月底～8月初。幼虫期18～27天，末龄幼虫多在早晨1～6时沿树干向下爬寻找石缝化蛹。第1代老熟幼虫下树期为7月初～8月中旬，盛期7月下旬，第2代幼虫下树期为8月下旬～9月底10月初，盛期在9月上、中旬。第1代蛹期6～14天，第2代9个月左右。

防治方法 （1）在树干四周1m直径内的地面上堆集石块，诱集老熟幼虫下树化蛹，集中杀灭。（2）设置黑光灯诱杀成虫。（3）幼虫发生为害期喷洒2.5%溴氰菊酯乳油2000倍液或5%氯虫苯甲酰胺悬浮剂1000倍液、24%氯氰虫腙悬浮剂1000倍液。

胡桃豹夜蛾

学名 *Sinna extrema*（Walker），属鳞翅目、夜蛾科。分布在北京、黑龙江、江苏、浙江、江西、湖北、四川。

寄主 主要为害核桃。

为害特点 幼虫日夜取食核桃叶，把叶缘食成缺刻。

形态特征 成虫：体长15mm。头、胸部白色，颈板、翅基片及前、后胸均生枯黄斑。腹部黄白色，背面略带褐色。前翅橘黄色，有多个白色多角形斑，外横线为完整的曲折白带，

胡桃豹夜蛾成虫

顶角生1块大白斑，中生4块小黑斑，外缘后部生3个黑点。后翅白色。末龄幼虫：体长18～24mm；幼虫头部淡黄色，每侧生5个黑色斑点，并具颗粒状突起，身体浅绿色，2毛突白色，亚背线白色，气门线黄白色。

生活习性 胡桃豹夜蛾幼虫喜在叶背栖息，老熟后在叶片上吐丝做黄褐色茧，预蛹期3天，蛹在茧中受惊时，腹部弹动作响，蛹期约7天。

防治方法 低龄幼虫期喷洒80%敌百虫可溶性粉剂900倍液或40%辛硫磷乳油1000倍液、30%茚虫威水分散粒剂1500倍液、20%氰·辛乳油1500倍液。

核桃园刺蛾类

刺蛾是核桃园常见害虫，属鳞翅目刺蛾科，主要种类有桑褐刺蛾 *Setora postornata*（Hampson）、黑眉刺蛾 *Narosa nigrisigna* Wileman、黄刺蛾 *Cnidocampa flavescens*（Walker）、枣刺蛾 *Phlossa conjuncta*（Walker）及核桃刺蛾（学名待定）5种，除为害核桃外，还为害桃、李、杏、枣、毛叶枣等其他果树和林木。低龄幼虫啃食叶肉，致叶片产生透明枯斑长大后食叶成缺刻，严重的仅残留叶柄。幼虫体上有毒毛，触及皮肤引

桑褐刺蛾幼虫

黄刺蛾幼虫

黑眉刺蛾幼虫

起刺痛。

形态特征 桑褐刺蛾又称褐刺蛾。成虫：体长18mm，前翅褐色，有两条深褐色弧形纹，两纹间色淡。成长幼虫：体长23～35mm，长圆筒形，黄色，有红色和黄色纵线，各节均生刺突，以后胸和第1、第5、第8腹节亚背线上突起最大，中胸及第9腹节次之，突起上生有红棕色刺毛。茧：鸟蛋形，在核桃树周围土中越冬。

黑眉刺蛾成虫体长7mm，黄褐色有银色光泽，前翅浅黄褐色，中室亚缘线内侧至第3臀脉内生褐黄相间的云斑，近外缘处生小黑点1列。后翅浅黄色。末龄幼虫体长10mm，龟壳状扁平，翠绿至黄绿色，体上无刺毛和枝刺，背部中央生有绿色宽纵带1条，纵带内生浅黄色八字形斑纹9个，亚背线隆起浅黄色，其上着生黑色斑点1列。蛹褐色。茧近腰鼓状，灰褐色，表面光滑。

核桃刺蛾（学名待定），果农称洋辣子。幼虫：椭圆形，浅绿色，每个体节上各有4个枝刺，其中以胸部和臀节上的4个枝刺特别大，体上生黑瘤，瘤上有毒刺毛。腹部各节背部和两侧各生1个灰白色椭圆形大斑，斑内生黄色横纹，其中两侧中间6个斑相连呈串珠状。主要为害核桃，以幼虫蚕食叶片，食成缺刻或孔洞，严重时把叶片吃光。

生活习性 桑褐刺蛾年生2代，以老熟幼虫在根颈部土中越冬。翌年6月化蛹，6月下旬羽化为成虫，7月上旬幼虫为害，严重为害期在7月下旬～8月中旬。8月下旬老熟幼虫下树入土结茧越冬。成虫有趋光性，白天藏在叶背，夜晚交尾。喜把卵产在叶背，初孵幼虫集聚时间不长即分散为害。黑眉刺蛾北京年生2代，以幼虫在枝干上结茧越冬。5月成虫出现，有趋光性，把卵散产在叶背面。各代幼虫为害期分别在5～7月和8～10月。

防治方法 （1）用上海青蜂防治刺蛾效果明显。（2）冬季修剪时注意把有虫茧枝条剪除烧毁。（3）初孵幼虫短暂群聚时尽早组织人力摘除虫叶杀灭。（4）低龄幼虫期喷洒25%灭幼脲悬浮剂1000倍液或8000IU/mg苏云金杆菌可湿性粉剂400倍液、25%阿维·灭幼乳油2000倍液，对刺蛾有特效。

核桃黑斑蚜

学名 *Chromaphis juglandicola*（Kaltenbach），属同翅目斑蚜科，是我国1986年新发现的害虫，分布在辽宁、山西、北京等地。山西有蚜株率高达90%，有蚜叶片占80%。

寄主 核桃。

为害特点 以成蚜、若蚜在核桃叶背和幼果上刺吸汁液。

形态特征 有翅孤雌蚜：体长1.9mm，椭圆形，浅黄色。触角6节，各节端部黑色，翅脉色浅，径分脉只有端部清晰，中脉、肘脉基部镶有色边。腹管短筒状，尾片卵瘤状，具毛16根，后足股节基部上方生1黑斑。无翅孤雌蚜：浅黄色，腹背中部至末节有横条状褐色斑纹。

核桃黑斑蚜有翅雄蚜
放大

生活习性 山西年生15代，以卵在枝杈、叶痕或树皮缝处越冬，翌年4月中旬越冬卵进入孵化盛期，孵出的若蚜在卵旁停留1h后寻找大树芽或叶片刺吸为害。4月底～5月初干母若蚜发育为成蚜，孤雌卵胎生产生有翅孤雌蚜，该蚜年生12～14代，不产生无翅蚜。成蚜、若蚜多在叶背或幼果上危害，成虫活泼，常飞到邻近树上，8月下旬～9月初开始产生性蚜，9月中旬进入性蚜产生高峰期。雌蚜数量是雄蚜的2.7～21倍。交尾后，雌蚜爬到树枝上择位产卵越冬。

防治方法 （1）每年该蚜有2个为害高峰，在6月和8月中下旬～9月初，及时喷洒7.5%吡·氯乳油1500～3000倍液或5%啶虫脒乳油2500倍液、25%吡蚜酮可湿性粉剂2000倍液。（2）保护七星瓢虫、异色瓢虫、大草蛉等天敌昆虫。

核桃园榆黄叶甲

学名 *Galerucella maculicollis* Motsch.，异名*Pyrrhalta maculicollis*（Motsch.），属鞘翅目、叶甲科。别名：榆黄毛茧叶甲、榆黄金花虫。分布在东北、华北、华东、华中、西北。

寄主 核桃、沙枣、苹果、梨、榆等。

为害特点 成虫啃食核桃芽叶，幼虫把叶片啃成灰白色至灰褐色半透明网点状。在华北常与榆绿金花虫混合发生、混合为害。

形态特征 成虫：体长6.5～7.5mm，宽3～4mm，近长方形，棕黄色至深棕色，头顶中央具1桃形黑色斑纹。触角大部、头顶斑点、前胸背板3条纵斑纹、中间的条纹、小盾片、肩部、后胸腹板以及腹节两侧均呈黑褐色或黑色。触角短，不及体长之半。鞘翅上具密刻点。卵：长约1mm，长圆锥形，顶

核桃园榆黄叶甲幼虫

榆黄叶甲成虫

端钝圆。末龄幼虫：体长9mm，黄色，周身具黑色毛瘤。足黑色。蛹：长约7mm，乳黄色，椭圆形，背面生黑刺毛。

【生活习性】 北京年生1～2代，以成虫在杂草下或建筑物缝隙中越冬。翌年4月上旬榆树发芽时，越冬成虫开始活动，4月下旬把卵产在叶片上。5月上旬孵化幼虫为害叶片。

【防治方法】 （1）老熟幼虫群集在树干上化蛹时，及时灭杀。（2）成虫上树取食期、幼虫孵化盛期，及时喷洒80%敌敌畏乳油800倍液或2.5%溴氰菊酯乳油1500倍液、5%氯虫苯甲酰胺悬浮剂1000倍液、5%除虫菊素乳油1000～1500倍液。

核桃星尺蠖

学名 *Ophthalmodes albosignaria juglandaria* Obrethür，属鳞翅目、尺蛾科。别名：拟柿星尺蠖。分布在北京、河南、河北、山西、山东、云南等地。

寄主 核桃受害最严重，大发生时为害多种果树。

为害特点 低龄幼虫啃食叶肉，稍大后食叶成缺刻或孔洞。

形态特征 成虫：体长18mm，体灰白色，前后翅上生4个较大的黑斑，十分明显，内有箭头纹，翅的背面较白，黑色边缘宽大。卵：绿色，圆形。末龄幼虫：体长55～65mm，幼虫胴部第3节膨大，低龄幼虫黑色，长大后变为淡灰色至绿色。

生活习性 年生2代，6月下旬成虫羽化，产卵在叶背或细枝条上，每块百余粒，幼虫在7～9月间孵化后即分散为害，3龄前受惊扰即吐丝下垂分散开来。

防治方法 （1）诱杀成虫。（2）老熟幼虫入土化蛹前在树干四周诱杀灭蛹。（3）幼虫3龄前喷洒20%丁硫·马乳油1000～2000倍液或9%高氯氟氰·噻乳油1500倍液。

核桃星尺蠖成虫

核桃园桑褶翅尺蛾

学名 *Zamacra excavata*（Dyar），属鳞翅目、尺蛾科。分布在辽宁、河北、河南、山西、陕西、宁夏等地。

寄主 主要为害核桃、山楂、苹果、梨等。

为害特点 幼虫食叶成缺刻或孔洞，幼虫还为害芽和幼果成缺刻状。

形态特征 成虫：体长12～14mm，雌体触角线状，雄体双栉齿状，翅底色为灰褐色，有赤色和白色斑纹；内、外横线黑色，粗而曲折。后翅前缘向内弯，近基部灰白色。成虫停息时4翅折叠竖起，故称褶翅尺蛾。卵：长0.6mm，椭圆形。末龄幼虫：体长32.5mm，黄绿色，腹部第1和第8节背面中央各生1对肉质突起，第2～4节背腹面各生1个大而长的尖刺状突起，各突起顶部黑褐色。蛹：长14mm，短粗，红褐色。茧：丝质，半椭圆形。

生活习性 年生1代，以蛹在树干基部地下数厘米处贴在树皮上的茧中过冬，翌年3月中旬陆续羽化。成虫夜晚活动，

桑褶翅尺蛾成虫（左）
和成长幼虫

白天潜伏在隐蔽处，把卵产在枝干上，4月初孵化，停栖时把头部向腹面蜷缩在第5腹节下，用腹足、臀足抱握枝条。5月中旬以老熟幼虫爬到树干基部化蛹越冬。

防治方法 参见核桃星尺蠖。

核桃园柿星尺蠖

学名 *Percnia giraffata* Guenee，属鳞翅目尺蛾科。又称大头虫、大斑尺蠖、柿豹尺蠖、柿叶尺蠖等。分布在河北、河南、山西、安徽、四川等地。

核桃园柿星尺蠖低龄幼虫

寄主 主要为害柿树，也为害核桃、苹果、梨等果树。

为害特点 初孵幼虫在叶背面啃食叶肉，长大后分散为害，食叶成缺刻或孔洞，严重时把叶片吃光。

防治方法 参见核桃星尺蠖。

栗黄枯叶蛾

参见板栗害虫——栗黄枯叶蛾。

栗黄枯叶蛾成虫和幼
虫（梁森苗）

桃蛀螟

参见板栗害虫——板栗园桃蛀螟。

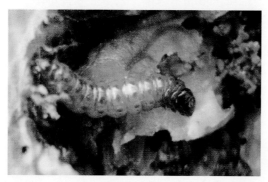

桃蛀螟幼虫为害核桃
果实

银杏大蚕蛾

学名 *Dictyoploca japonica* Moore，属鳞翅目、大蚕蛾科，别名：核桃楸天蚕蛾。分布于东北、华北、华东、华中、华南、西南。

寄主 银杏、桃、核桃、栗、苹果等。

为害特点 幼虫食全叶成缺刻或把叶片吃光。

形态特征 成虫体长25～26mm，翅展90～150mm，体灰褐色至紫褐色。雌蛾触角栉齿状，雄蛾羽状。前翅内横线紫褐色，外横线暗褐色，两线近后缘处汇合，中间呈三角形浅色

银杏大蚕蛾成虫

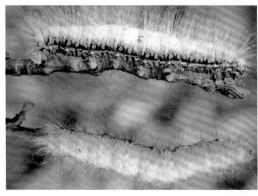

银杏大蚕蛾幼虫

区，中室端部生月牙形透明斑。后翅从基部到外横线间生较宽红色区，亚缘线区橙黄色，缘线灰黄色，中室端处生1大眼状斑，斑内侧有白纹。后翅臀角处生1白色月牙形斑。

生活习性　年生1代，以卵越冬，广西越冬卵在翌年3月下旬孵化，幼虫共7龄，每个龄期约7天，3龄前群集，4～5龄后食叶量大增，分散为害，严重时常把叶片吃光。4月中旬～5月中旬是为害最盛，幼虫期60天。蛹期3个月。

防治方法　（1）6～7月摘除茧蛹，冬季清除树皮缝隙越冬卵。（2）掌握雌蛾到树干上的产卵期、幼虫孵化盛期上树为害之前和幼虫3龄前三个有利时机，喷洒90%敌百虫可溶性粉剂或80%敌敌畏乳油1000倍液、20%氰·辛乳油1000～1500倍液。

核桃横沟象甲

学名　*Dyscerus juglans* Chao，属鞘翅目、象甲科。别名：核桃黄斑象甲、核桃根象甲。分布在陕西、河南、云南、湖北、四川等地。

寄主　核桃。

为害特点　以幼虫在核桃根际皮层为害树干基部呈基腐状，根皮被环剥，削弱树势，严重的致整株死亡。

形态特征　成虫：体长12～15mm，体黑色，头管是体长的1/3，触角生在头管之前。胸背上密生不规则刻点，鞘翅上的刻点排列成行，鞘翅1/2处生3～4丛浅褐色绒毛，末端生同样绒毛6～7丛。幼虫：体长14～18mm，体"C"形，多皱褶肥胖黄白色，头红褐色。

生活习性　2年生1代，以幼虫在茎基树皮处越冬，末龄幼虫5月下旬始化蛹，6月中旬进入盛期，一直拖到8月上旬，

核桃横沟象甲成虫

成虫6月中旬羽化，7月中旬进入羽化盛期，成虫寿命约1年，今年羽化的成虫8月上旬产卵，延续到8月中旬～10月产完后开始越冬。明年5月中旬又开始产卵，6月中旬进入产卵盛期，一直延续到8月上旬结束，幼虫生活时间近2年。

防治方法 （1）春天气温升高后把树基四周土壤挖开散湿，有利于象甲幼虫死亡。（2）在成虫产卵前挖开基部土壤，用石灰封住根颈和主根，能有效阻止成虫产卵。（3）在春季幼虫为害始期挖开基部土壤，用铁棍撬开老皮后向根部淋灌50%杀螟硫磷或40%毒死蜱乳油100倍液。

核桃园六棘材小蠹

学名 *Xyleborus* sp.，属鞘翅目、小蠹科。又称颈冠材小蠹，是我国新害虫。国内分布在贵州黔南地区。

寄主 核桃、板栗等。

为害特点 以成虫和幼虫蛀害核桃树老枝干，隧道呈树状分枝，纵横交错，蛀屑排出孔外，造成树势衰弱，严重的整树枯死。

核桃园六棘材小蠹幼
虫、成虫及为害状

形态特征、生活习性、防治方法 参见板栗害虫——六
棘材小蠹。

核桃窄吉丁虫

学名 *Agrilus lewisiellus* Kere，属鞘翅目、吉丁虫科。分
布在陕西、山西、甘肃、河北、河南。

寄主 核桃。

为害特点 以幼虫在枝干皮层中蛀食，受害处树皮变黑
褐色，蛀道呈螺旋形向上窜食为害，受害严重的枝条叶片枯黄

核桃窄吉丁虫幼虫

早落，翌春多枯死。幼树主干受害严重时，全株枯死。

形态特征 成虫：雌体长6～7mm，雄虫4～5mm，体宽1.8mm，黑色有光泽，体背密布刻点；头中部纵向凹陷，前胸背板中域略隆起，鞘翅两侧近中部内凹。卵：扁椭圆形，长约1mm。幼虫：体长10～20mm，扁平，乳白色，头棕褐色，大部分缩入前胸内；前胸特别膨大，中部有1个人字形纹，腹末具1对褐色尾铗。蛹：裸蛹，初白色，渐变黑色。

生活习性 年生1代，以老熟幼虫在受害木质部中越冬，翌年4月中旬～6月底化蛹，4月下旬～5月上旬为盛期。蛹期28天，成虫发生盛期在6月上、中旬。6月上旬～7月下旬为成虫产卵期，卵期8～10天，6月下旬～7月初为卵孵化盛期。8月下旬～10月底幼虫老熟开始越冬。成虫羽化后多在蛹室中停留多日才从羽化孔钻出枝外，经10～15天补充营养后交尾产卵。卵多产在2～3年生枝的叶痕上，弱枝着卵多。幼虫孵化后从卵壳底下直接蛀入枝条中窜食为害，7月下旬～8月下旬是幼虫严重危害期，受害枝条上叶片变黄或脱落，入冬后干枯。

防治方法 （1）核桃发芽后至成虫羽化前彻底剪除有虫枝，集中烧毁，以减少幼虫和蛹。（2）在成虫发生期，树上喷洒20%氰戊菊酯乳油2000倍液或20%氰·辛乳油1500倍液。（3）幼树受害时可在7～8月份检查，发现有虫时，可在虫疤处涂抹煤油或敌敌畏。

橙斑白条天牛

学名 *Batocera davidis* Deyrolle，属鞘翅目、天牛科。分布在陕西、河南、浙江、甘肃、江西、湖南、福建、台湾、广东、四川、云南等地。

橙斑白条天牛成虫

寄主 核桃、苹果、杨树。

为害特点 单株有虫1~4条，多的30~50头。雌天牛产卵时用上颚咬破树皮，把卵产在其内，伤口带长达数厘米，造成流出树液。15天后卵孵化，初孵幼虫在咬破的伤口四周韧皮部、木质部之间啃食韧皮部，后钻入木质部，造成核桃树叶小、发黄，枝条纤细，树势衰弱，最后受害重的大枝逐渐干枯死亡。近年该虫在甘肃康县核桃产区暴发成灾。

形态特征 成虫：体长51~68mm，宽17~22mm，体大型、黑色。触角从第3节起棕红色，基部4节光滑。前胸背板中央生1对橙黄色肾形斑。每个鞘翅上生大小不一的5~6个近圆形橙黄色斑纹，后易变成白色。体腹面两侧从复眼之后至腹部末端各生1条宽的白色纵纹。头具细密刻点，额区有粒刻点。鞘翅肩上有短刺，翅基部约1/4有光滑颗粒和细刻点。

生活习性 河南、甘肃3~4年发生1代。以幼虫和蛹越冬，幼虫于秋季化蛹，停留在蛹室，翌年初夏羽化为成虫，从蛹室咬孔爬出，6~9月进入雌天牛产卵期，高峰在8月份。蛹羽化需要一定温、湿度，暴雨后高温高湿羽化数量多，羽化后经3~4天交配产卵。卵多产在10年以上老树树干基部的粗糙皮层内。甘肃初在杨树上为害,到1998年杨树基本被伐光,从此后转到核桃上,逐年加重。

防治方法 (1)加强检疫。(2)加强核桃园管理,结合冬季修剪,剪除有虫枝干及枯枝,连同死树一起烧毁。(3)认真除草,用10%草甘膦消灭果园杂草,防效达90%以上。(4)6月后成虫开始交配产卵,雌虫咬破树皮从下向上成行产卵时,用锤子敲打咬破的组织,可把产在枝里的卵打死。(5)化学防治。①棉球塞洞法:用80%敌敌畏乳油,把棉球用药液蘸湿后塞进虫孔内,用湿泥把孔口堵住。②注射法:把防治方法中所涉及任选1种,适当加水稀释,用兽用注射器注入虫道5～10mL,然后用泥堵塞洞口。③输液法:用40%辛硫磷乳油或1.8%阿维菌素乳油,配成2000倍液,装入塑料桶内,挂在树上,插入输液器,另一端把针头放入虫道中,流量调整至每分钟40～60滴,每棵核桃树滴配好的药液2000mL。④防治天牛:将5%吡·高氯微胶囊水悬浮剂1500～2000倍液喷洒到果树枝干上,当天牛成虫爬行或采食时触破微胶囊而中毒致死。

附录

一、农药基础知识

（一）常用计量单位的折算

1.面积

1公顷＝15亩＝10000m²。

1平方公里＝100公顷＝1500亩＝1000000m²。

1亩＝666.7m²＝6000平方市尺＝60平方丈。

2.重量

1t（吨）＝1000kg（公斤）＝2000市斤。

1kg（公斤）＝2市斤＝1000g。

1市斤＝500g。

1市两＝50g。

1g=1000mg。

3.容量

1L＝1000mL（cc）。

1L水＝2市斤水＝1000mg（cc）水。

（二）配制农药常用计算方法

1.药剂用药量计算法

（1）稀释倍数在100倍以上的计算公式：

$$药剂用药量＝\frac{稀释剂（水）用量}{稀释倍数}$$

[例1]需要配73%克螨特乳油2000倍稀释液50L，求用药量。

$$克螨特乳油用药量＝\frac{50}{2000}＝0.025L（kg）＝25mL（g）$$

[例2]需要配制50%多菌灵可湿性粉剂800倍稀释液50升，求用药量。

$$克螨特乳油用药量＝\frac{50}{800}＝0.0625(kg)＝62.5(g)$$

（2）稀释倍数在100倍以下时的计算公式：

$$克螨特乳油用药量＝\frac{稀释剂（水）用量}{稀释倍数-1}$$

2.药剂用药量"快速换算法"

[例1]某农药使用浓度为2000倍液，使用的喷雾机容量为5kg，配制1桶药液需加入农药量为多少？

先在农药加水稀释倍数栏中查到2000倍，再在配制药液量目标值的附表1列中查5kg的对应列，两栏交叉点2.5g或2.5mL，即为所需加入的农药量。

附表1　配制不同浓度药液所需农药的快速换算表

加水稀释倍数	需配制药液量(L、kg)								
	1	2	3	4	5	10	20	30	40
	所需药液量(mL、g)								
50	20	40	60	80	100	200	400	600	800
100	10	20	30	40	50	100	200	300	400
200	5	10	15	20	25	50	100	150	200
300	3.1	6.8	10.2	13.6	17	34	68	102	136
400	2.5	5	7.5	10	12.5	25	50	75	100
500	2	4	6	8	10	20	40	60	80
1000	1	2	3	4	5	10	20	30	40
2000	0.5	1	1.5	2	2.5	5	10	15	20
3000	0.34	0.68	1.02	1.36	1.7	3.4	6.8	10.2	13.6
4000	0.25	0.5	0.75	1	1.25	2.5	5	7.5	10
5000	0.2	0.4	0.4	0.8	1	2	4	6	8

[例2]某农药使用浓度为3000倍液，使用的喷雾机容量为7.5kg，配制1桶药液需加入农药量为多少？

先在农药稀释倍数栏中查到3000倍，再在配制药液量目标值的表列中查5kg、2kg、1kg的对应列，两栏交叉点分别为1.7、0.68、0.34（1kg表值为0.34，0.5kg为0.17），累计得2.55g或2.55mL，为所需加入的农药量，其他的算法也可依此类推。

（三）农药的配制及注意事项

除少数可直接使用的农药制剂外，一般农药都要经过配制才能使用。农药的配制就是把商品农药配制成可以施用的状态。例如，乳油、可湿性粉剂等本身不能直接施用，必须对水稀释成所需浓度的喷施液才能喷施。农药配制一般要经过农药和配料取用量的计算、量取、混合几个步骤。

（1）认真阅读农药商品使用说明书，确定当地条件下的用药量。农药制剂配取要根据其制剂有效成分的百分含量、单位面积的有效成分用量和施药面积来计算。商品农药的标签和说明书中一般均标明了制剂的有效成分含量、单位面积的有效成分用量，有的还标明了制剂用量或稀释倍数。所以，要准确计算农药制剂和取用量，必须仔细、认真阅读农药标签和说明书。

（2）药液调配要认真计算制剂取用量和配料用量，以免出现差错。

（3）安全、准确地配制农药。计算出制剂取用量和配料用量后，要严格按照计算的量量取或称取。液体药要用有刻度的量具，固体药要用秤称量。量取好药和配料后，要在专用的容器里混匀。混匀时，要用工具搅拌，不得用手。

为了准确、安全地进行农药配制，还应注意以下几点：

① 不能用瓶盖倒药或用饮水桶配药；不能用盛药水的桶

直接下沟、河取水；不能用手伸入药液或粉剂中搅拌。

②　在开启农药包装、称量配制时，操作人员应戴上必要的防护器具。

③　配制人员必须经专业培训，掌握必要的技术和熟悉所用农药的性能。

④　孕妇、哺乳期妇女不能参与配药。

⑤　配药器械一般要求专用，每次用后要洗净，不得在河流、小溪、井边冲洗。

⑥　少数剩余和废弃的农药应深埋入地坑中。

⑦　处理粉剂时要小心，以防止粉尘飞扬。

⑧　喷雾器不宜装得太满，以免药液泄漏。当天配好的应当天用完。

（四）波尔多液的配制、使用

波尔多液是由硫酸铜、生石灰和水配制成的天蓝色悬浊液，是一种无机铜保护剂。黏着力强，喷于植物表面后形成一层药膜，逐渐释放出铜离子，可防止病菌侵入植物体。药效持续20～30天，可以防治多种果树病害。

配制方法：以1∶1∶160倍式波尔多液的配制为例。在塑料桶或木桶、陶瓷容器中，先用5kg温水将0.5kg硫酸铜溶解，再加70kg水，配制成稀硫酸铜水溶液，同时在大缸或药池中将0.5kg生石灰加入5kg水，配成浓石灰乳，最后将稀硫酸铜水溶液慢慢倒入浓石灰乳中，边倒边搅拌。这样配出的波尔多液呈天蓝色，悬浮性好，防治效果佳。也可将0.5kg生石灰用40kg水溶解，将0.5kg硫酸铜用40kg水溶解，再将石灰水和硫酸铜水溶液同时缓缓倒入另一个容器中，边倒边搅拌。生产上往往在药箱中直接先配制成波尔多原液，然后加水，达到所用浓度。采用这种方法配制出的药液较前两种方法配制的质量差，但如配制后立即使用，则该配制方法也可行。

使用方法及注意事项：桃、李、梅、中国梨等对本剂敏感，要选用不同的倍量式，以减弱药害因子作用；波尔多液使用前要施用其他农药，则要间隔5～7天才能使用波尔多液，波尔多液使用后要施用退菌特，则要间隔15天；不能与石硫合剂、松脂合剂等农药混用；该药剂宜在晴天露水干后现配现用，不宜在低温、潮湿、多雨时施用；边配制边使用，不宜隔夜使用；不能用金属容器配制，因金属容器易被硫酸腐蚀。

（五）石硫合剂的配制、使用

石硫合剂又叫石灰硫黄合剂、石硫合剂水剂，是果园常用的杀螨剂和杀菌剂，一般是自行配制。近年来，有的农药厂生产出固体石硫合剂，加水稀释后便可使用。

石硫合剂是以生石灰和硫黄粉为原料，加水熬制成的红褐色液体。其有效成分是多硫化钙，有较强的渗透和侵蚀病菌细胞壁和害虫体壁的能力，可直接杀死病菌和害虫。对人、畜毒性中等，对人眼、鼻、皮肤有刺激性。

熬制石硫合剂要选用优质生石灰，不宜用化开的石灰。生石灰、硫黄和水的比例为1∶2∶10，先把生石灰放在铁锅中，用少量水化开后加足量水并加热，同时用少量温水将硫黄粉调成糊状备用。当锅中的石灰水烧至近沸腾时，把硫黄糊沿锅边慢慢倒入石灰液中，边倒边搅，并记好水位线。大火加热，煮沸40～60min后，在药熬成红褐色时停火。在煮沸过程中应适当搅拌，并用热水补足蒸发掉的水分。冷却后滤除渣子，就成石灰硫黄合剂原液。商品石硫合剂的原液浓度一般在32波美度以上，农村自行熬制的石硫合剂浓度在22～28波美度。使用前，用波美比重计测量原液浓度(波美度)，然后再根据需要，加水稀释成所需浓度，稀释倍数按下列公式计算或查附表2。

$$加水稀释倍数 = \frac{原液波美度 - 所需药液波美度}{所需药液波美度}$$

附表2　石硫合剂重量倍数稀释表

原液浓度（波美度）	需要浓度（波美度）									
	5	4	3	2	1	0.5	0.4	0.3	0.2	0.1
	加水稀释倍数									
15	2.0	2.75	4.00	6.50	14.0	29.0	36.5	49.0	74.0	149.0
16	2.2	3.00	4.33	7.0	15.0	31.0	39.0	52.3	79.0	159.0
17	2.4	3.25	4.66	7.5	16.0	33.0	41.5	55.6	84.0	169.0
18	2.6	3.50	5.00	8.0	17.0	35.0	44.0	59.0	89.0	179.0
19	2.8	3.75	5.33	8.5	18.0	37.0	46.5	62.3	94.0	189.0
20	3.0	4.00	5.66	9.0	19.0	39.0	49.0	65.6	99.0	199.0
21	3.2	4.25	6.00	9.5	20.0	41.0	51.5	69.0	104.0	209.0
22	3.4	4.50	6.33	10.0	21.0	43.0	54.0	72.3	109.0	219.0
23	3.6	4.75	6.66	10.5	22.0	45.0	56.5	75.6	114.0	229.0
24	3.8	5.00	7.00	11.0	23.0	47.0	59.0	79.0	119.0	239.0
25	4.0	5.25	7.33	11.5	24.0	49.0	61.5	82.3	124.0	249.0
26	4.2	5.50	7.66	12.0	25.0	51.0	64.0	85.6	129.0	259.0
27	4.4	5.75	8.00	12.5	26.0	53.0	65.5	89.0	134.0	269.0
28	4.6	6.00	8.33	13.0	27.0	55.0	69.0	92.3	139.0	279.0
29	4.8	6.25	8.66	13.5	28.0	57.0	71.5	95.6	144.0	289.0
30	5.0	6.50	9.00	14.0	29.0	59.0	74.0	99.0	149.0	299.0

　　在果树休眠期和发芽前，用3～5波美度石硫合剂，可防治果树炭疽病、腐烂病、白粉病、锈病、黑星病等，也可防治果树螨类、蚧类等害虫。果树生长季节，用0.3～0.5波美度石硫合剂，可防治多种果树细菌性穿孔病、白粉病等，并可兼治螨类害虫。

　　注意事项：煮熬时要用缓火，烧制成的原液波美度高；如急火煮熬，原液波美度低；煮熬时用热水随时补足蒸发水量，如不补充热水，则在开始煮熬时水量应多加20%～30%，其配比为1∶2∶（12～13）。含杂质多和已分化的石灰不能使用，如是含有一定量杂质的石灰，则其用量视杂质含量适当增加。硫黄是块状的，应先捏成粉，才能使用。稀释液不能储藏，应随配随用。原液储藏需密闭，避免日晒，不能用铜、铝容器，可用铁质或陶瓷容器；梨树上喷过石硫合剂后，间隔10～15天才能喷波尔多液；喷过波尔多液和机油乳剂后，间隔15～20天才能喷石硫合剂，以免发生药害。气温高于32℃或低于4℃均不能使用石硫合剂。梨、葡萄、杏树对硫比较敏感，在生长期不能使用；稀释倍数要认真计算，尤其是在生长期使用的药液。

（六）自制果树涂白剂的方法

在冬季给果树主枝和主干刷上涂白剂，是帮助果树安全越冬与防除病虫害的一项有效措施。自制3种涂白剂方法如下：

（1）石硫合剂石灰涂白剂。取3kg生石灰用水化成熟石灰，继续加水配成石灰乳，再倒入少许油脂并不断搅拌，然后倒进0.5kg石硫合剂原液和食盐，充分拌匀后即成石硫合剂石灰涂白剂，配制该剂的总用水量为10kg。配制后应立即使用。

（2）硫黄石灰涂白剂。将硫黄粉与生石灰充分拌匀后加水溶化，再将溶化的食盐水倒入其中，并加入油脂和水，充分搅拌均匀便得硫黄石灰涂白剂。配制的硫黄石灰涂白剂应当天使用。配制方法：按硫黄0.25、食盐0.1、油脂0.1、生石灰5、水20的重量比例配制即可。

（3）硫酸铜石灰涂白剂。配料比例：硫酸铜0.5kg，生石灰10kg。配制方法：用开水将硫酸铜充分溶解，再加水稀释，将生石灰慢慢加水熟化后，继续将剩余的水倒入调成石灰乳，然后将两者混合，并不断搅拌均匀即成。

（七）几种果树伤口保护剂的配制、使用

（1）接蜡。将松香400g、猪油50g放入容器中，用文火熬

至全部熔化，冷却后慢慢倒入酒精，待容器中泡沫起得不高即发出"吱吱"声时，即停止倒入酒精。再加入松节油50g、25%酒精100g，不断搅动，即成接蜡。然后将其装入用盖密封的瓶中备用。使用时，用毛笔蘸取接蜡，涂抹在伤口上即可。

（2）牛粪灰浆。用牛粪6份、熟石灰和草木灰各8份、细河沙1份，加水调成糯糊状，即可使用。

（3）松香酚醛清漆合剂。准备好松香和酚醛清漆各1份。配制时，先把清漆煮沸，再慢慢加入松香拌匀即可。冬季可多加酚醛清漆，夏季可多加松香。

（4）豆油铜剂。准备豆油、硫酸铜和熟石灰各1份。配制时，先把豆油煮沸，再加入硫酸铜细粉及熟石灰，充分搅拌，冷却后即可使用。

二、果树生产慎用和禁用农药

（一）果树生产慎用农药

乐果：猕猴桃特敏感，禁用；对杏、梨有明显的药害，不宜使用；桃、梨对稀释倍数小于1500倍的药液敏感，使用前要先进行试验，以确定安全使用浓度。

螨克和克螨特：梨树禁用。

敌敌畏：对樱桃、桃、杏、白梨等植物有明显的药害，应十分谨慎。

敌百虫：对苹果中的金帅品种有药害作用。

稻丰散：对桃和葡萄的某些品种敏感，使用要慎重。

二甲四氯：各种果树都忌用。

石硫合剂：对桃、李、梅、梨、杏等有药害，在葡萄幼嫩组织上易产生药害。若在这些植物上使用石硫合剂，最好在其落叶季节喷洒，在生长季节或花果期慎用。

波尔多液：对生长季节的桃、李敏感。低于倍量时，梨、杏、柿易发生药害；高于倍量时，葡萄易发生药害。

石油乳剂：对某些桃树品种易产生药害，最好在桃树落叶季节使用。

（二）果树生产禁用农药

1.国家明令禁止使用的农药

六六六、滴滴涕（DDT）、毒杀芬、二溴氯丙烷、杀虫脒、二溴乙烷、除草醚、艾氏剂、狄氏剂、汞制剂、砷类、铅类、敌枯双、氟乙酰胺、甘氟、毒鼠强、氟乙酸钠、毒鼠硅。

2.果树上不得使用的农药

甲拌磷、乙拌磷、久效磷、对硫磷、甲基对硫磷、甲胺磷、甲基异柳磷、氧化乐果、磷胺、特丁硫磷、甲基硫环磷、治螟磷、内吸磷、灭线磷、硫环磷、蝇毒磷、地虫硫磷、氯唑磷、苯线磷。

（三）我国高毒农药退市时间表确定

按10月1日起实施的《食品安全法》明确要求，农业部已制定初步工作计划，拟在充分论证基础上，科学有序、分期分批地加快淘汰剧毒、高毒、高残留农药。

近日，农业部种植业管理司向外界透露我国高毒农药全面退市已有时间表：

一是2019年前淘汰溴甲烷和硫丹。根据有关国际公约，溴甲烷土壤熏蒸使用至2018年12月31日；硫丹用于防治棉花棉铃虫、烟草烟青虫等特殊使用豁免至2019年3月26日；拟于2016年底前发布公告，自2017年1月1日起，撤销溴甲烷、硫丹农药登记；自2019年1月1日起，禁止溴甲烷、硫丹在农业生产上使用。

二是2020年禁止使用涕灭威、克百威、甲拌磷、甲基异硫磷、氧乐果、水胺硫磷。根据农药使用风险监测和评估结果，拟于2018年撤销上述6种高毒农药登记，2020年禁止使用。

三是到2020年年底，除农业生产等必须保留的高毒农药品种外，淘汰禁用其他高毒农药。

目前农业部登记农药产品累计3万多个，而品种只有650多个，绝大多数农药产品都是多年登记、重复登记同一品种，甚至同一产品，成老旧农药。同时还有不少农药产品已登记多年，但一直没生产销售，成"休眠"产品。与高毒农药相比，对生态环境、农产品质量安全等方面威胁虽然不大，但老旧农药问题同样突出。

因此，农业部将通过政策调整，引导农药使用零增长目标平稳落地。除加快高毒农药退市外，对安全风险高、不合法合规、农业生产需求小、防治效果明显下降、失去应用价值老旧农药品种实行强制退出。

参 考 文 献

[1] 谢联辉.普通植物病理学.第二版.北京：科学出版社，2013.

[2] 徐志宏.板栗病虫害防治彩色图谱.杭州：浙江科学技术出版社，2001.

[3] 成卓敏.新编植物医生手册.北京：化学工业出版社，2008.

[4] 冯玉增.石榴病虫草害鉴别与无公害防治.北京：科学技术文献出版社，2009.

[5] 赵奎华.葡萄病虫害原色图鉴.北京：中国农业出版社，2006.

[6] 许渭根.石榴和樱桃病虫原色图谱.杭州：浙江科学技术出版社，2007.

[7] 宁国云.梅、李及杏病虫原色图谱.杭州：浙江科学技术出版社，2007.

[8] 吴增军.猕猴桃病虫原色图谱.杭州：浙江科学技术出版社，2007.

[9] 梁森苗.杨梅病虫原色图谱.杭州：浙江科学技术出版社，2007.

[10] 蒋芝云.柿和枣病虫原色图谱.杭州：浙江科学技术出版社，2007.

[11] 王立宏.枇杷病虫原色图谱.杭州：浙江科学技术出版社，2007.

[12] 夏声广.柑橘病虫害防治原色生态图谱.北京：中国农业出版社，2006.

[13] 林晓民.中国菌物.北京：中国农业出版社，2007.

[14] 袁章虎.无公害葡萄病虫害诊治手册.北京：中国农业出版社，2009.

[15] 何月秋.毛叶枣（台湾青枣）的有害生物及其防治.北京：中国农业出版社，2009.

[16] 张炳炎.核桃病虫害及防治原色图谱.北京：金盾出版社，2008.

[17] 李晓军.樱桃病虫害及防治原色图谱.北京：金盾出版社，2008.

[18] 张一萍.葡萄病虫害及防治原色图谱.北京：金盾出版社，2007.

[19] 陈桂清.中国真菌志：一卷白粉菌目.北京：科学出版社，1987.

[20] 张中义.中国真菌志：十四卷枝孢属、星孢属、梨孢属.北京：科学出版社，2003.

[21] 白金铠.中国真菌志：十五卷茎点霉属，叶点霉属.北京：科学出版社，2003.

[22] 张天宇.中国真菌志：十六卷链格孢属.北京：科学出版社，2003.

[23] 白金铠.中国真菌志：十七卷壳二孢属，壳针孢属.北京：科学出版社，2003.

[24] 郭英兰，刘锡琎.中国真菌志：二十四卷尾孢菌属.北京：科学出版社，2005.

[25] 张忠义.中国真菌志：二十六卷葡萄孢属、柱隔孢属.北京：科学出版社，2006.

[26] 葛起新，中国真菌志：三十八卷拟盘多毛孢属.北京：科学出版社，2009.

[27] 洪健，李德葆.植物病毒分类图谱.北京：科学出版社，2001.